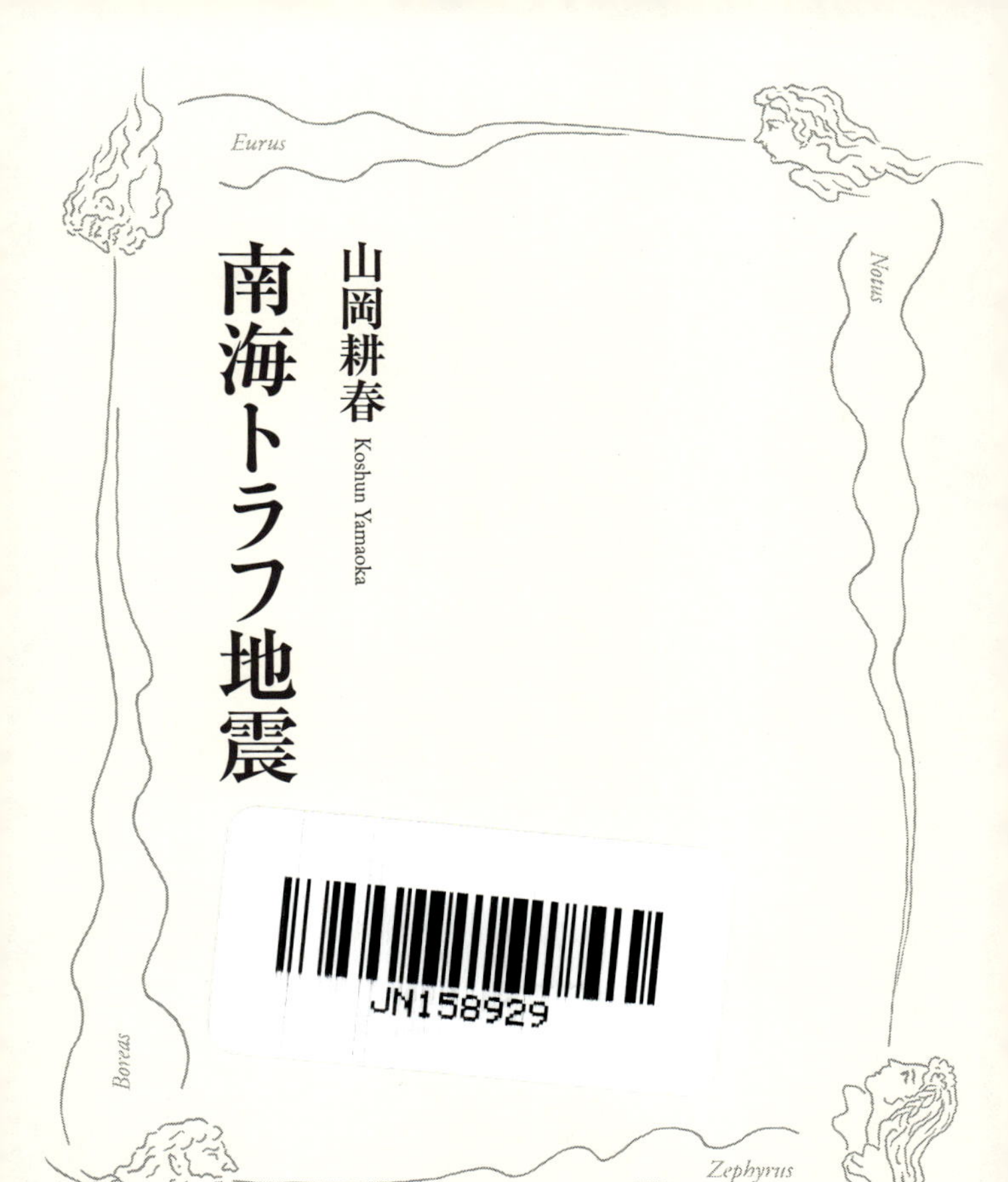

南海トラフ地震

山岡耕春
Koshun Yamaoka

岩波新書
1587

はじめに

その日、夕食をすませ自宅のソファーでのんびり本を読んでいた私は、不意に緊急地震速報の警報音を聞いた。慌ててテレビを見ると、震源は紀伊半島南部――。

「もしや、南海トラフ地震が……⁈」

反射的に不安が胸をよぎった、そのわずか一〇秒前、紀伊半島の地下三〇キロメートルではすでに、プレート境界の急激なずれが始まっていた。ずれは秒速三キロメートルで東西に拡大し、強烈な揺れと大きな地殻変動を発生させた。

名古屋市内の私の自宅が揺れ始めたのは、そのすぐ後だった。揺れは徐々に大きくなり、やがてソファーにしがみつくしかなくなった。

「こんなに早く起きてしまったのか！」

虚を突かれた私は、年の初め、東海地方、紀伊水道、豊後水道でスロースリップが同時に発生していたことを思い出した。「これが巨大地震の引き金にならなければよいのだが……」。その懸念がまさに現実のものとなった。激しい震動のなか、私は戦慄をおぼえた。

これはフィクションである。

駿河湾から四国沖まで延びる南海トラフでは、一〇〇年から二〇〇年の間隔で巨大地震が繰り返し発生し、日本列島の広い範囲に大きな被害をもたらしてきた。前回の昭和南海地震は一九四六年。次の地震はいつ来るのか？　ひょっとしたら一〇年ほど先に迫っているのかもしれない。

南海トラフ地震が発生した場合、関東地方から西にいる人は、それぞれの場所で、強い揺れや大きな津波を体験することになるだろう。この地震は最悪の場合、日本の総人口の八割以上が住む首都圏から九州までの広い範囲で大災害を引き起こす。強い揺れや大きな津波による被害は、日本経済に回復不能な影響を与える恐れもある。

東日本大震災以後、来たるべき南海トラフ地震について注目が集まりはじめた。各種メディアを通じて「南海トラフ」という言葉も、ごくふつうに聞かれるようになっている。

「そもそも南海トラフとは何か？」

「東海地震や東南海地震とは何が違うのか？」

「予知はできるのか？」

「富士山も同時に噴火するのか？」

「津波は来るのか、来ないのか？」

など、ふだんから疑問に思っている方も多いと思う。

本書は、そのような方々を読者として意識し、南海トラフで発生する巨大地震について、その仕組みから防災まで、できるかぎり読みやすく解説した本である。南海トラフ地震の仕組みや地震対策、政府と自治体の被害想定などについては、ニュースで個々に取り上げられるが、その全体像を網羅的にわかりやすく解説した本は意外に少ない。

南海トラフ地震は、必ず起こる。日本列島に住み、生きていくかぎりは避けられない、いわば「宿命の巨大地震」である。実際に地震が起きてしまう前に、この巨大地震の全貌について、基本的な知識を持ってもらおうと執筆した。いざ地震に遭った時に後悔しないために、本書をぜひ読んでおいてほしい。

南海トラフ地震

目　次

はじめに

序　章　巨大地震の胎動 …… 1
東北地方太平洋沖地震の衝撃／マグニチュードとは何か／なぜ巨大地震になったのか／その日は必ず来る

第1章　くり返す南海トラフ地震 …… 15
1　南海トラフ　16
2　連動する二つの地震　27
3　いつ起きるのか　44

第2章　最大クラスの地震とは …… 57
1　311と何が違うか　58
2　地震のシミュレーション　74

3　そのとき、何が起きるのか　83

第3章　津波、連動噴火、誘発地震……101
1　広域津波災害　102
2　富士山の連動噴火　122
3　追い打ちをかける誘発地震　133
4　琉球列島の津波地震　140

第4章　被害予測と震災対策……149
1　政府の被害想定を読み解く　150
2　防災体制はどうなっているか　167
3　直前予知は可能か　179
4　予測だけでは被害は減らない　188

終　章　それでも日本列島に生きる……199
地震が怖ければ海外に行く／稀な大規模現象／災害対策の限界／日本列島に生きる

おわりに……209

序章　巨大地震の胎動

東北地方太平洋沖地震の衝撃

二〇一一年三月一一日午後二時四六分四〇秒頃、東京霞が関の三三階建ての超高層ビルの一六階の会議室にいた筆者の携帯電話に緊急地震速報メールが入った。大学が受信している緊急地震速報の詳細をメールで転送するように設定してあるためだ。第一報は宮城県沖を震源とし、マグニチュードは四・三。「震源の場所が気になるな。大きな地震にならなければよいが……」という思いが頭をよぎった。緊急地震速報は、揺れ始めの五秒程度の信号から震源とマグニチュードを推定する。巨大地震の始まりであっても地震が十分に成長する前に情報を出すことになるため、第一報のマグニチュードは小さい。

建物が揺れ始めるのに時間はかからなかった。ビルはゆっくり揺れ始め、次第に揺れが大きくなる。地震研究関係の組織から委員が集まっていた会議は中断された。あちこちから「宮城県沖!」「マグニチュード七・九!」という声が上がった。

その間も建物はゆっくりとであるが大きく揺れ続け、揺れにあわせてキーキーと建物のきしむ音がする。「長周期地震動だ！」という声。窓の外の向かいのビルも大きく揺れている。「建物の揺れって目に見えるんだ」という変な感動を覚えながら外を眺めると、見渡す限りの高層ビルがみんな揺れている。ビルの窓に映る影がゆっくりと変化するため、遠くのビルの揺れもよくわかる。「この地震が起きたんだ」。当日の会議で議論をするはずだった貞観(じょうがん)地震の調査結果の資料を見た一人の委員の声だった。

この時、日本列島に住む大半の人たちが地震を感じていた。それぞれの地域で、それぞれの揺れ方で。震源に最も近い宮城県ではあちこちで鳴る携帯電話の緊急地震速報のあと、激しい揺れが襲った。揺れはいったん収まったかに見えたが、ほぼ一分後にさらに激しい揺れが襲った。県内の最大震度は七だった。震源から南に離れた茨城県では揺れ始めてからいつまでも続く揺れが徐々に大きくなっていき、ついには県内の広い範囲で震度六弱を超える揺れにまで達した。さらに南の東京湾沿岸の埋め立て地では、地震によるガタガタとした揺れが不気味なゆっくりとした揺れに変わり、地面から泥水が噴き出し始めた。中部地方から西では、ゆっくりと地面が揺れ、会議中で椅子に座っている人たちは目眩のような錯覚を覚えた。

日本列島が大きく揺すられている頃、東北地方の太平洋沖の海底では広い範囲が大きく動いていた。日本海溝に近い場所では海底が大きく隆起した。海底の隆起によって海水が大きく持ち上げられ、津波として四方に広がりつつあったのである。地震発生から三〇分後には、宮城県・岩手県・福島県など東北地方の沿岸に津波が到達し始めていた。白い波しぶきをあげて海岸に到達した波は、その後ろに膨大な海水のたかまりを従えていた。とめどもなく陸上に浸水してくる海水は、海岸にあった多くのものを陸に向かって押し流していった。盛り上がった海水は元の高さに戻らず、逆に高さを増していった。

木造の家屋は土台だけを残して海水の流れに運ばれ、破壊された。鉄筋コンクリートのビルも、窓ガラスが破られ大量の海水が建物の中に浸入していった。内陸に向かう激しい流れで街を破壊した海水は、やがてその流れを反転させ、瓦礫と化した家々、自動車、さらにはその中で逃げ遅れた人々を巻き込んで沖に戻っていった。

地震学者にとっての最大の衝撃は、マグニチュード九・〇という巨大な規模となったことである。マグニチュード九を超える地震としては、一九六〇年のチリ地震(九・五)、一九六四年のアラスカ地震(九・二)、それに二〇〇四年のスマトラ島沖の巨大地震(九・一)はよく知られていた。しかし、まさかマグニチュード九の地震が日本で、それも東北地方沖の日本海溝沿いで発生することを想像した地震学者はほとんどいなかった。二〇一一年の地震以前に東北地方太平洋沖で最も注目されていた地震は、宮城県沖で発生する地震で、マグニチュードは七・五前後のものであった。東北地方沖で想定されていた地震は大きくてもマグニチュード八クラス程度であった。

マグニチュードとは何か

なぜこのような巨大地震になったのだろうか。その解説の前に、「マグニチュード」という概念をどのように理解すべきかについて、まず述べておかなければならない。マグニチュードは、しばしば「エネルギー」という言葉に置き換えられて表現される。しかし、マグニチュードをエネルギーという表現に置き換えただけでは、その意味するところは伝わらない。

マグニチュードは「地震の規模」を表す量として広く用いられている。一般に、「地震」という言葉は、地震の震源から地震の揺れまで広い意味で用いられている。そのため「地震の規模」という言葉の意味を明確にしたい場合には、地震の揺れか、地震の震源かを明確に表現する必要がある。したがって、明確な表現を用いれば、地震の**震源の規模**を表す量が**マグニチュード**と呼ばれる。一方、地震の揺れを表す量は**震度**と呼ばれている。

では、「震源の規模」とは何だろう。エネルギーという概念を用いた場合、マグニチュードが一増えるとエネルギーが約三〇倍になると説明される。しかし、エネルギーとは何かと問われて正確に答えられる人は意外に少ない。「再生可能エネルギー」「自然エネルギー」「エネルギー問題」など頻繁に用いられ身近な言葉にはなっているので、いまさら聞けないという方も多いだろう。エネルギーはもともと物理学の抽象的な概念を示す言葉である。高校の物理の授業で「エネルギー保存則」や「運動エネルギー」を習った記憶のある方は少なくないはずだ。しかし、これらの言葉を聞くと、高校時代の難しい物理学の記憶がよみがえってくる方も多いにちがいない。じつは、最新のマグニチュードの概念によれば、エネルギーといった難しい概念を用いずに、もっと簡単な計算で理解することができる。

地震とは地下の硬い岩盤が急激に壊れる現象である。地震波形の解析によると、岩盤の破壊はある面に沿った「ずれ」となることが知られている。火山などで発生するごく一部の地震を除き、プレート境界でも内陸の直下型であっても、世界中で発生する地震のほとんどがこの岩盤のずれによって引き起こされる。この岩盤がずれ動いた場所を断層(あるいは**震源断層**)と呼んでいる。最新の考え方によればマグニチュードは、ずれ動いた断層の面積と、断層面に沿った平均的なずれの大きさのかけ算を元に算出している。これならば難しい物理学の知識を駆使しなくてもわかりそうである。

具体的にマグニチュードと震源断層との関係を整理してみよう(図0-1)。まず始めにマグニチュード五の地震について見てみよう。マグニチュード五の地震の震源の大きさはおよそ三キロメートル四方であり、面積にすると約一〇平方キロメートルである。平均的なずれは、およそ一五センチメートル程度である。ここで「およそ」とか「約」と書いているのは、倍や半分くらいの違いには目をつぶり、だいたいの数値としてはこのくらいということである。

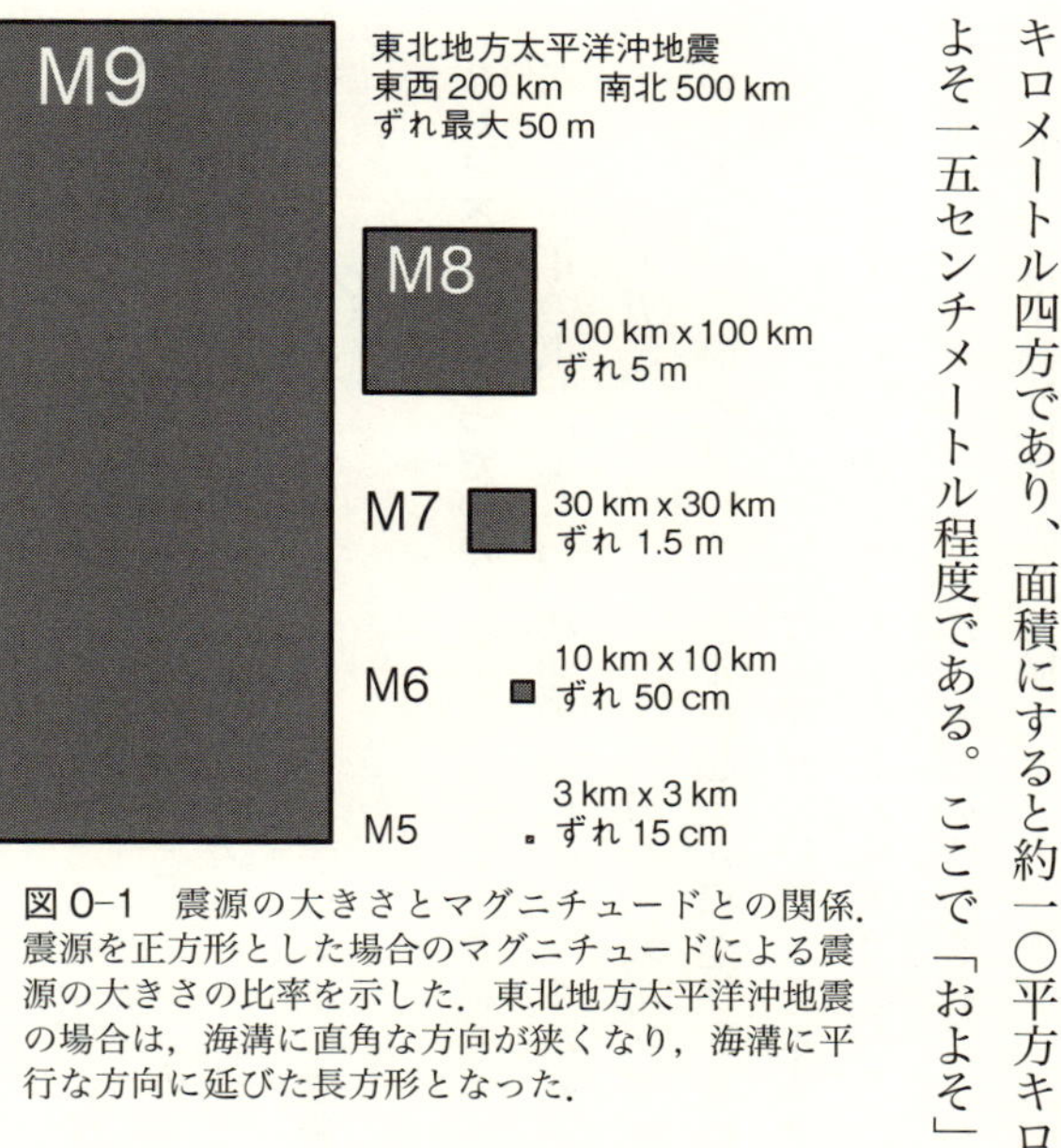

図 0–1　震源の大きさとマグニチュードとの関係．震源を正方形とした場合のマグニチュードによる震源の大きさの比率を示した．東北地方太平洋沖地震の場合は，海溝に直角な方向が狭くなり，海溝に平行な方向に延びた長方形となった．

さて、マグニチュードが一だけ増加すると、面積とずれの大きさはどのくらい増えるのだろう。マグニチュード六の地震の断層は約一〇キロメートル四方で、ずれは五〇センチメートル程度である。つまり、面積は一〇倍、ずれの大きさは三倍となる。したがって、面積とずれのかけ算は約三〇倍となる。これがそのままエネルギーの増大分に対応しているのである。

さらにマグニチュードを大きくしていこう。マグニチュード七の断層は三〇キロメートル四方、ずれは一・五メートルである。マグニチュード八の地震の断層は一〇〇キロメートル四方、ずれは五メートルである。このようにマグニチュードの数字が一ずつ増えていくのに対し、震源の大きさとずれは比率で増えるため、想像以上に震源の規模が大きくなっていくのである。

なぜ巨大地震になったのか

二〇一一年の東北地方太平洋沖地震によってずれ動いた断層の大きさは、東西二〇〇キロメートル・南北五〇〇キロメートルという巨大なものであった。解析によって若干異なるが、ずれの大きさは、最大五〇メートルを超えた可能性が高い。私たちが体験したマグニチュード九の地震とは、このような巨大な「震源の規模」を示す地震だったのである(図0-1)。

では、なぜ、そのような巨大な規模の地震になったのだろうか。ひと言でいえば、東北地方の太平洋沖の地下の広い範囲が、断層のずれを起こしやすい状態になっていたからである。

東北地方太平洋沖地震の震源域では、太平洋プレートが日本列島の下に西向きに沈み込んでいる。プレートは沈み込みにつれて日本列島の地殻を引きずり込む。それにともない、プレートと地殻との境界面（断層面）に沿って、引きずり込みを元に戻そうとする力（**応力**）が発生し、徐々に大きくなっていく。やがてその応力が境界面の摩擦力を超えて大きくなると、境界面は一気にずれ動き、最初の地震が起こる。境界面がずれると、その場所の応力は低下するが、周辺の境界面では逆に応力が増大する。そうして増大した応力がその場所の摩擦力を超えると、今度はそこの境界面がずれ動く。そうするとさらに周辺の応力が増大し、摩擦力を超えるとずれ動く……。地震の「震源の規模」は、このようにドミノ式に拡大していくのである。

応力が摩擦力を超えなければ、境界面のずれはそこで止まり、地震は停止する。ずれた領域の応力は確実に低下するが、その周囲の応力はかえって増大する。また、ずれた領域もずれていない周囲の領域に支えられるため、応力がゼロにはならない。東北地方の太平洋沖は広い範囲のあちこちで中小規模の地震が頻繁に発生する場所である。こういう場所では平均して、境界面にかかる応力が次第に広い範囲で高い状態になっていく。そうすると、なんらかのきっかけで、どこかの境界面がずれると、巨大な地震に成長してしまうことがある。

東北地方の太平洋沖で断層面がどのようにずれ動いていったかが、地震波形・地殻変動・津波のデータを用い、最新の解析手法によって明らかにされた。ここでは、ずれの全体像を表すものとして、津波の記録を用いた解析結果を紹介する（図0-2）。

二〇一一年三月一一日午後二時四六分一八秒、宮城県沖のプレート境界で最初の断層のずれが始まった(図中の星印の場所)。ずれは急速かつ広範囲に拡大していった。もし境界面のずれが狭い範囲に止まっていれば、東北地方の太平洋沖ではしばしば起きるマグニチュード八クラ

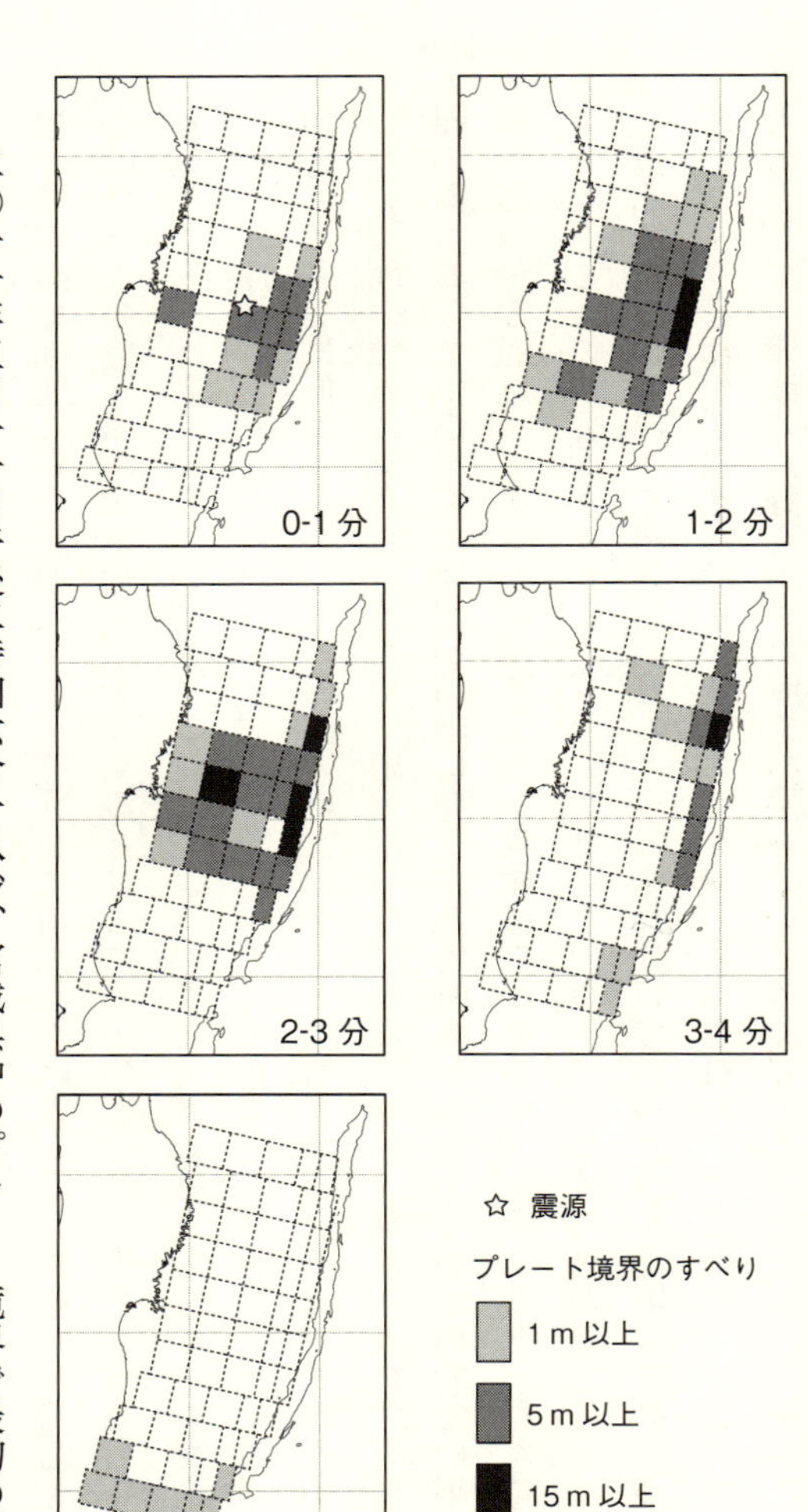

図 0–2　東北地方太平洋沖地震の，断層面に沿ったずれの時間変化．Satake et al.(2013, BSSA)の解析をもとに図化した．断層がずれ始めてから 1 分ごとのずれの量をおおまかに示した．

スの地震で終わっていただろう。しかし、この地震はそれでは終わらなかった。星印の東側、日本海溝に近い領域の応力が摩擦力を超え、急激にずれたことで、ずれの範囲が海溝部にまで達してしまったのである。

ずれが海溝部にまで達したことの意味は大きい。通常、小さな地震の場合にはプレート境界面のずれた部分はその周囲の領域によってずれの量が制限される。しかし、海溝はプレート境界の端であり、もはやずれを制限する領域は存在しない。そのため、プレート境界面上のずれが海溝にまで達すると、ずれは非常に大きくなり、その結果ずれの範囲も拡大するのである。図を見ると、日本海溝沿いに、ずれの大きい領域が広がっていることがわかる。海溝付近の境界面でのずれが非常に大きくなってしまったため、周辺の境界面に及ぼす応力も大きくなり、ずれの範囲は急速に北と南に拡大していった。最終的に茨城県沖にまで達して、やっと停止した。五分間の出来事であった。

その日は必ず来る

駿河湾の一番奥の富士川の河口から四国の足摺岬の沖にまでのびる南海トラフ。ここは歴史的に何度も巨大地震を起こしてきた場所である。最も新しい巨大地震は、一九四六年に四国沖を震源として発生した昭和の南海地震である。その直前の一九四四年には、紀伊半島沖の熊野灘を震源とする昭和の東南海地震が発生している。これら二つの地震は二年の時間間隔をおいて連動したものである。

その前の巨大地震は一八五四年一二月二四日に四国沖で発生した地震である。その約三〇時間前には紀伊半島沖の熊野灘から駿河湾を震源域とした地震が発生している。これらはそれぞれ、安政の南海地震、安政の東海地震と呼ばれている。これら二つの地震も連動して発生したものである。

さらにその前の巨大地震は、一七〇七年に発生した宝永地震である。この地震の震源域は静岡県沖の遠州灘から四国沖にまで拡がった。東北地方太平洋沖地震に匹敵する超巨大地震である。昭和や安政の地震では時間をおいて連動していたのが、宝永の地震では時間をおかずに一気に連動した。安政の地震から宝永の地震までが一四七年、安政の地震から昭和の地震までが九〇年である。

南海トラフで発生したさらに古い巨大地震については、文書の記録により西暦六〇〇年頃まで遡ることができる。先に述べた昭和・安政・宝永の地震よりも前に発生した地震は、政府の地震調査研究推進本部の資料によると、新しい順に慶長の地震（一六〇五年）、明応の地震（一四九八年)、正平の地震(一三六一年)、康和と永長の地震(それぞれ一〇九九年と一〇九六年)、仁和の地震(八八七年)、白鳳の地震(六八四年)である。正平の地震よりも古い巨大地震の発生間隔が少し長くなっているのは、歴史資料が不完全である可能性も指摘されている。それでも、だいたい一〇〇年から二〇〇年の間隔で巨大地震が発生してきている。

これら一連の巨大地震はフィリピン海プレートと呼ばれる海底が南海トラフから西日本の地殻の下に、北西向きに沈み込んでいることが原因である。その速度は年間五センチメートル程度。非常に遅い速度である。しかし、一〇〇年間蓄積すると沈み込んだ距離は五メートルにもなる。それだけ西南日本の地殻は北西方向に縮んでいる。昭和の地震からすでに七〇年経過している。フィリピン海プレートは休むことなく日本列島の下に沈み込み、西日本の地殻を少しずつ押し縮めている。今こうしている間にも、刻一刻と次の地震に向けて、プレート境界にかかる力は少しずつ増加している。その日は必ず来る。

第1章　くり返す南海トラフ地震

1　南海トラフ

トラフと海溝

まず始めに南海トラフ全体を概観しよう。そのためには読者にはまず「南海トラフ」という場所についての土地勘を持ってもらう必要がある。文章の中ではどうしても地名を使わざるをえないが、知らない土地の地名を聞いても簡単にはイメージしにくい。ここでは、南海トラフと、それに関わる地学的に意味のある場所について適切なイメージを持ってもらうために、南海トラフという場所について説明をする。

南海トラフは、東海地方から西日本太平洋側の海底の地形につけられた名称である。「トラフ」(trough)とは、もともとは家畜を飼育するための「桶」のことである。桶といっても丸いものではなく、竹を縦に半分に割った内側の形を思い浮かべればよい。そのような特徴を持った地形をトラフと呼んでいる。南海トラフはプレートが沈み込む場所であるが、その地形の特徴からトラフという呼び名が付けられたのである。

ただし、同じようにプレートが沈み込む場所であっても、東北地方の太平洋側は**日本海溝**と呼ばれる。海の溝である。一般に、細長い海底の窪みのなかで、地形の急峻なものを海溝、地形が緩やかなものをトラフと呼んでいる。日本海溝の北東の延長は千島海溝、南側の延長は伊豆小笠原海溝、さらにその南はマリアナ海溝である。いずれも太平洋プレートと呼ばれている海底の岩盤が地球の内部に沈み込む場所である。

南海トラフを含めて、フィリピン海プレートが沈み込んでいる場所は、関東の南岸から九州・沖縄諸島に沿って台湾のすぐ東までの太平洋側、さらに台湾の南からフィリピン諸島の東側の沿岸である。このうち、南海トラフと呼ばれているのは、伊豆半島付け根の駿河湾から四国沖にかけてである。九州から沖縄にかけては、南西諸島海溝、あるいは琉球海溝と呼ばれている。同じフィリピン海プレートの沈み込みでも、トラフと呼ばれたり海溝と呼ばれたりしている。

海溝とトラフを話題にしたついでに、世界中のプレート沈み込み口でトラフと呼ばれている場所を調べてみた。地球科学に関する論文で検索すると、南海トラフ以外では、中米カリブ海のプエルトリコのすぐ南の「ムエルトス・トラフ」、ニュージーランド北島の東側にある「ヒクランギ・トラフ」などが引っかかる。なかにはアリューシャン海溝を「アリューシャン・トラフ」と呼んでいる論文もある。いずれにせよ、ヒットする頻度でいうと南海トラフに関する論文が圧倒的に多い。南海トラフの知名度は学問の世界でも非常に高いのである。

駿河湾と伊豆半島

さて、その南海トラフを東から順に眺めていこう。必要に応じて図1-1を参照してほしい。

南海トラフの東の端は伊豆半島の西側にある駿河湾の奥である。このあたりは日本列島でも最も地殻変動の激しい場所である。それはフィリピン海プレートに載って北上している伊豆半島が日本列島に衝突して、本州をぐいぐい押している場所だからである。そのため南海トラフも駿河湾の南で大きく屈曲している。このあたりの南海トラフは**駿河トラフ**とも呼ばれている。

フィリピン海プレートは、本来は真っ直ぐな南海トラフから沈み込むはずであったが、伊豆半島の地殻がプレートよりも軽く(密度が小さく)、沈み込むことができないために、トラフ軸を本州の側に押し曲げているのである。同様の屈曲は伊豆半島の東側の相模湾でも起きていて、**相模トラフ**と呼ばれている。相模トラフの向きは伊豆半島に対して駿河トラフと対称であることが興味深い。相模トラフは一九二三年に発生した関東地震の震源域で、この地震はフィリピン海プレートが相模トラフから沈み込むことによって発生した。

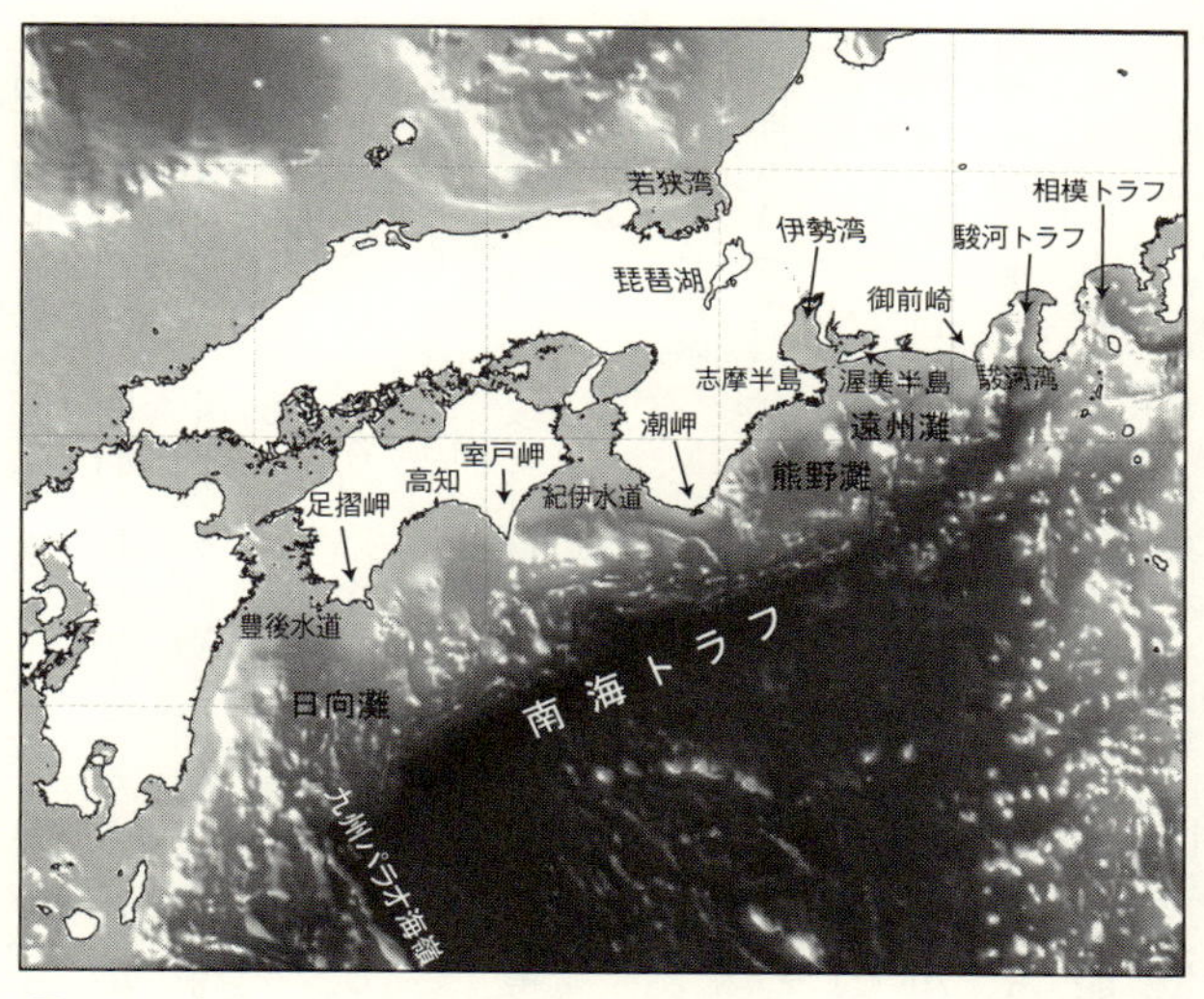

図 1-1　南海トラフ周辺の地形と地名．南海トラフ巨大地震を理解する上で重要な地形と地名を整理した．

相模トラフも駿河トラフもフィリピン海プレートが沈み込む場所であるが、それぞれ相模湾の奥と駿河湾の奥で終わっている。その間はどうなっているのだろうか。相模トラフも駿河トラフもその延長は陸上で第一級の活断層につながっている。相模トラフの延長は**国府津−松田断層帯**、駿河トラフの延長は**富士川河口断層帯**である。相模トラフでの関東地震タイプの地震や、駿河トラフで東海地震タイプの地震が発生すると、連動してこれらの断層がずれる可能性がある。それぞれ縦ずれの逆断層型であり、地形も明瞭である。これらの断層はプレート境界と考えてよい。国府津−松田断層帯と富士川河口断層帯の間は、富士山の大きな山体が覆い隠していてよくわからない。国府津-松田断層や富士川河口断層を動かすような大きな地震が起きたら、富士山に影響を与えそうだ。

これらのプレート境界の断層を横切って、東名高速道路や東海道新幹線といった日本経済の大動脈が走っていることも忘れてはならない。地震時の断層の上下変位は最大一〇メートルくらいと推定されており、新幹線が走っているときや多くの自動車が通行しているときに地震が発生したら大惨事は免れない。名古屋に住んでいる筆者も新幹線を利用して、よく東京に日帰り出張をする。往復で一日に四回もプレート境界を横切っていることになる。

御前崎から潮岬

南海トラフ沿いには東から、御前崎（おまえざき）、潮岬（しおのみさき）、室戸岬（むろと）、足摺岬（あしずり）と岬が並んでいる。それぞれ南海トラフの巨大地震にとっては非常に重要な意味を持っている。

御前崎を中心とした地域では、東海地震予知のための観測が行われてきた。国土地理院は静岡県内陸の掛川から御前崎にかけて、約二五キロメートルの距離で定期的に水準測量を繰り返してきた。東海地震がすぐにでも発生する可能性があるとされた一九七六年以降、毎年水準測量を実施し、一九八〇年代からは年四回の測量が実施されてきた。その結果を見ると、一九六〇年以降現在までに、御前崎は掛川に対して二六センチメートル沈降しており、沈降速度はほぼ一定で継続している。沈降の傾向が変化して隆起に転じることが地震の前兆であると考えられているが、現時点ではそのような変化はない。

御前崎から伊勢湾の沖合あたりまでの海域を遠州灘(えんしゅうなだ)と呼んでいる。全体としてなめらかなカーブを描いた海岸線であるが、海岸の地形は地域ごとに特徴がある。静岡県の海岸は砂浜や砂丘が発達している。それに対して、隣の愛知県の海岸は崖になっている。伊勢湾を越えた三重県の熊野灘沿岸は、リアス式海岸となり、入り江が複雑に連なっている。南海トラフの巨大地震の津波がこれら地域を襲うと、この海岸の地形の違いが被害の違いとなって顕在化する。

静岡県では、海岸から内陸に津波による海水が浸入する可能性が指摘されている。愛知県の海岸は、津波の高さが高くても、陸地の津波被害は少ない。三重県では、入り江の奥に津波のエネルギーが集中し、被害が大きくなることが懸念されている。ちなみに、伊勢湾の入り口は狭くなっているため、津波のエネルギーがブロックされる。そのため、伊勢湾内の津波の高さは外洋に比べて半分から三分の一程度に軽減される。伊勢湾は奥が狭くなっているため、リアス式海岸と同様、津波が高くなるのではないかと思われるかも知れないが、渥美半島と志摩半島が天然の防潮堤となっているため、津波の影響は低減される。

伊勢湾と若狭湾を挟む地域は、本州のくびれになっており、距離は直線でたった一〇〇キロメートルしかない。東京から日本海までの最短距離の半分以下である。伊勢湾の奥には濃尾平野、隣には琵琶湖があり、ともに地殻の沈降によってできたとされている。伊勢湾と若狭湾を挟む地域は地殻の沈降が顕著な地域でもある。これはフィリピン海プレートの形状と関係があるらしい。南海トラフから沈み込むフィリピン海プレートは、伊勢湾から若狭湾に向けては周囲よりは浅い角度で潜り込んでいる。そのような地域ではマントルの動きによって地殻が沈降することが知られている。

紀伊半島の先端の潮岬は、南海トラフの巨大地震にとって特別な場所である。過去に発生した南海トラフの地震は、潮岬を境界にして東側と西側で別々に発生しているものが多い。その理由には諸説があるが、これも沈み込んだフィリピン海プレートの形状が関係している可能性がある。潮岬付近の紀伊半島の下では、プレートが周囲に比べて深い角度で沈み込んでいる。そのためトラフからの距離のわりにはプレート表面にかかる圧力が大きくなり、その結果プレート表面の摩擦力が強くなって地震時にずれにくい。潮岬を越えて地震が連動しにくいのである。潮岬の東側で発生する地震は、**東海地震**あるいは**東南海地震**と呼ばれ、西側で発生する地震は**南海地震**と呼ばれている。

潮岬から足摺岬

潮岬から西、四国沖にかけては南海地震の震源域である。政府の地震調査研究推進本部(地震本部)が発表している南海トラフの巨大地震発生の長期評価で、今後三〇年間の発生確率が六〇～七〇%程度とされている根拠は室戸岬にある。室戸岬近くの高知県室津港における一七〇七年の宝永の地震、一八五四年の安政の地震、一九四六年の昭和の地震による隆起量が計算に用いられている。南海トラフで巨大地震が発生すると、プレート境界がずれ動くことによって室戸岬が隆起する。隆起量は地震ごとに一定ではなく、宝永・安政・昭和の地震を比べると、宝永の地震の隆起量が最大で、昭和の地震が最小である。宝永の地震から安政の地震までの年数が約一五〇年あったのに対し、安政の地震から昭和の地震までは九〇年あまりであった。隆起量の大小とその次の地震までの時間に相関関係があると仮定し、今後発生する次の地震の発生確率を計算している。

南海トラフで発生した津波は、和歌山県沿岸や高知県・徳島県沿岸にも押し寄せる。「稲むらの火」で有名な和歌山県広川町もここにある。一八五四年の安政の南海地震の際に、津波が押し寄せてくることに気づかない村人を避難させるため、高台に積んであった稲わらを燃やし、

図1–2　和歌山県広川町に今も残る，広村堤防．安政の地震後に浜口梧陵が築いた．

村人を導いて津波から命を救ったという物語である。このストーリーは昭和初期の国語教科書に掲載されていたが、しばらく忘れられていた。それが二〇〇四年のスマトラ沖巨大地震後に改めて注目された。この物語のモデルとなった浜口梧陵（はまぐちごりょう）はその後、職を失った人たちの救済と地域経済の復興のため村人を雇って堤防を築いた。その堤防は一九四六年の昭和の南海地震から村を守った（図1–2）。

室戸岬と足摺岬に挟まれた土佐湾の奥には高知県の県庁所在地である高知市がある。ここは南海トラフの巨大地震の際に沈降することが知られている。昭和の南海地震の際にも高知市は一メートルあまり沈降した。これは南海トラフの地震により、今まで陸側に押されていた四国の地殻が海側に移動してしまうためである。室戸岬や足摺岬は隆起するが、反対に高知は沈降する。しかし、その沈降も時間をかけてゆっくり元に戻っていく。これはプレート境界面のさらに深い部分が、巨大地震のあとにゆっくりとずれ動くためと考えられている。

豊後水道と日向灘

足摺岬のすぐ西側、四国と九州の間にある豊後(ぶんご)水道は**スロースリップ**で知られている。スロースリップとは、プレート境界面が地震を起こすことなく、ゆっくりとずれ動く現象である。

ひと口にスロースリップと言っても、ずれが始まってから終わるまでの期間は千差万別である。南海トラフ沿いでは、浜名湖付近のプレート境界面で発生する**東海スロースリップ**と豊後水道付近のプレート境界面で発生する**豊後水道スロースリップ**がよく知られている。また最近になって紀伊半島と四国の間の紀伊水道付近のプレート境界面でも二〇一五年のはじめころからスロースリップが起きていることがわかってきた。東海スロースリップは二〇〇〇年から五年間継続した。豊後水道スロースリップは、一九九七年、二〇〇三年、二〇一〇年と過去三回の発生が知られている。いずれも半年ほど継続した。紀伊水道のスロースリップは二〇一五年末時点でまだ継続中である。

スロースリップが発生することによってその場所のひずみは減少するが、周囲のひずみはしわ寄せによって逆に大きくなる。東海スロースリップでは東海地震や東南海地震の震源域、紀伊水道のスロースリップでは東南海地震や南海地震の震源域、豊後水道のスロースリップでは南海地震の震源域や日向灘の震源域のひずみが高まるのである。

日向灘は、巨大な地震を発生させる南海トラフ地域と対照的に比較的小規模な地震がよく起きる場所である。気象庁(中央気象台)が観測した震源データがある一九二三年以降では、マグニチュード七以上の地震が五回発生している。最大の地震は一九六八年に発生したマグニチュード七・五の地震である。この大きさの地震は一七世紀以降では一六六二年に一回発生しただけであり、マグニチュード八クラスの地震が起きない場所とされてきた。しかし、東北地方太平洋沖地震で比較的大きな地震が起きないとされていた福島県沖も震源域になってしまったことや、一七〇七年に発生した宝永の地震の震源域が日向灘にまで及んだという説があることから、南海トラフの巨大地震の想定(第4章参照)では、非常に大きな地震が発生する場合には日向灘まで震源域になるとされた。

その南海トラフ巨大地震の想定でも、連動するのは**九州パラオ海嶺**までとされている。九州南部ではフィリピン海プレートにある九州パラオ海嶺が沈み込んでいる。九州パラオ海嶺は、かつては伊豆小笠原諸島の地殻(伊豆小笠原弧)と一体であった。それが二〇〇〇万年〜三〇〇〇万年前に断裂によって引き離されてできたものである。伊豆小笠原弧と九州パラオ海嶺の間のフィリピン海プレートが現在、南海トラフに沈み込んでいる。このように九州パラオ海嶺を境にして、プレートの形成年代が異なる。また、九州南部は東西に開いている場所であり、地殻変動の様式も九州北部とは異なっている。このようなことから南海トラフの巨大地震は、九州南部から沖縄方面には連動しないとされている。しかし、同じプレートの沈み込みであり、かつ隣り合っていることを考えると、連動しないと言い切ることはできないだろう。

２　連動する二つの地震

繰り返す南海トラフの巨大地震

南海トラフでは、過去に繰り返し巨大地震が発生している。政府の地震本部が南海トラフ沿いの過去の地震についてまとめているので、紹介することにしよう。なお、オリジナルの文献については、地震本部のホームページを参照してほしい。

南海トラフの巨大地震の歴史は西暦六〇〇年頃まで遡ることができる。これは西日本に古くからの文書記録が残っているからである。南海トラフで発生する地震は規模が大きく、西日本一帯に強い揺れをもたらすため、文書記録として残されることが多い。わが国では、明治以来過去の地震に関する文書記録を調べる研究が積み重ねられ、文書の記述から震源や地震の規模が明らかにされてきた。先ほど述べたようにそれらの研究によると、南海トラフの地震は、紀伊半島突端の潮岬を境にして東側で起きる地震と西側で起きる地震、さらに両側で同時に起きる地震に分類できる。また、紀伊半島の東側と西側で起きる地震は同時に発生しない場合であっても、時間的に近接して発生することもわかっている。過去の地震発生の様子を図1-3に示す。

西暦六〇〇年以降の最初の南海トラフの巨大地震は西暦六八四年一一月二九日(グレゴリオ暦)に発生した**白鳳(はくほう)地震**で、紀伊半島の西側から四国沖を震源域として発生した地震である。土佐(今の高知県)に津波が押し寄せたこと、温泉の変化や土佐で地盤が沈んだことなどの記述がある。この地震と対応して紀伊半島よりも東側で発生した地震は知られていない。その次は、八八七年八月二六日に発生した**仁和(にんな)地震**である。この地震は、紀伊半島の東の遠州灘から紀伊半島西の四国沖までが震源になったと考えられている。京都では家屋の倒壊が多く発生したほか、津波で摂津国(今の大阪から神戸にかけた地域)が大きな被害を受けたという記述がある。

その次は、平安時代後期の一〇九六年一二月一七日の**永長東海地震**である。この地震では京都での被害は比較的軽微であったものの、津波が伊勢や駿河を襲ったという記述があり、紀伊半島よりも東側で発生した地震と考えられている。その二年半後の一〇九九年二月二二日には

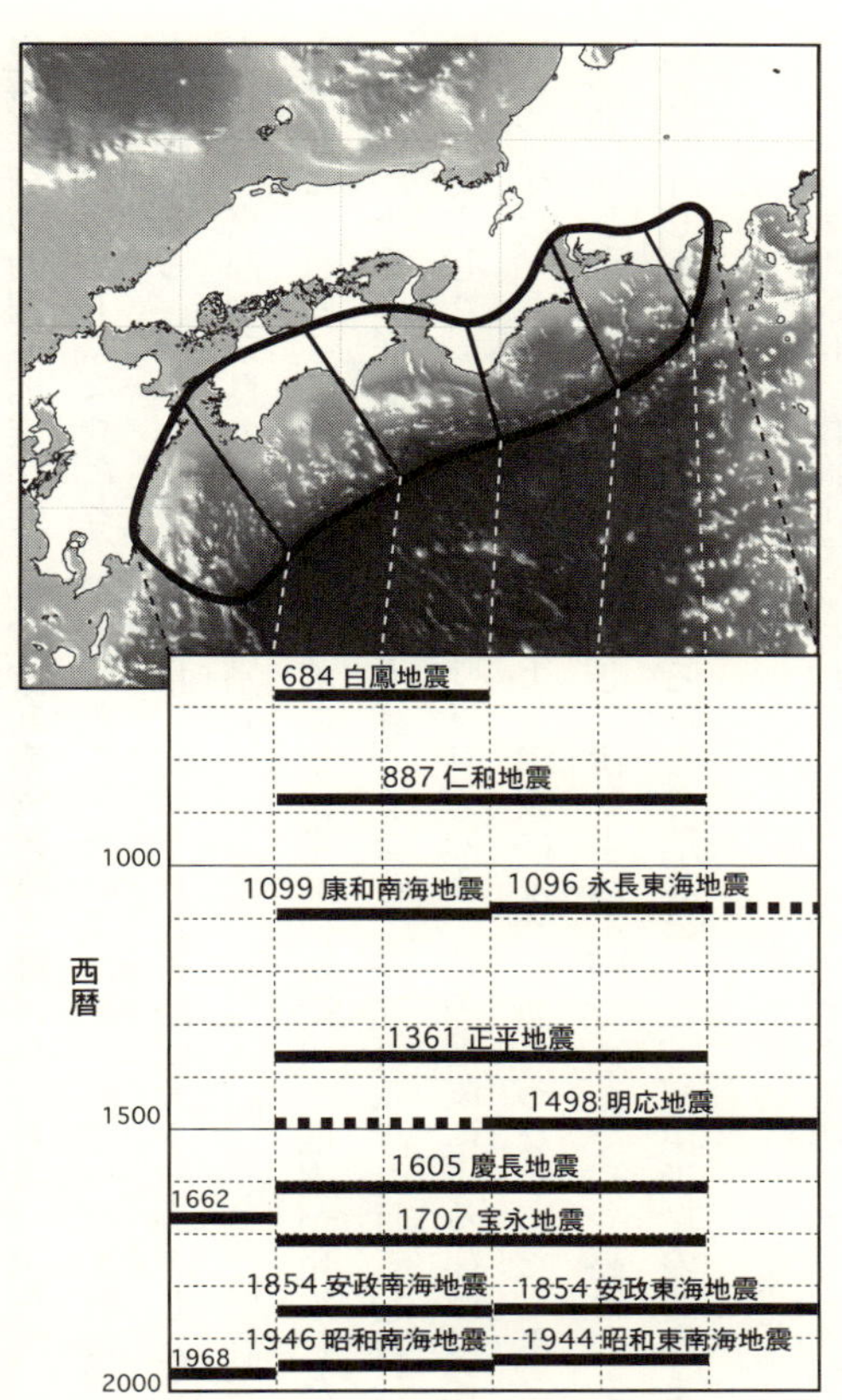

図 1-3　歴史上知られている南海トラフ沿いの巨大地震(地震調査研究推進本部のまとめをもとに作図した．石橋克彦・佐竹健治，地震，第 50 巻別冊，1998 の表現法を参考にした)．西暦 600 年以降の地震が，南海トラフ沿いのどの地域を震源域として発生したかを，横棒で示したもの．

紀伊半島の西側で地震が発生し、**康和南海地震**と呼ばれている。土佐で一〇〇ヘクタールほどの土地が海面下になったとの記述がある。その次に知られている地震は、一三六一年に発生した地震である。一三六一年八月三日、紀伊半島から四国沖を震源としたと考えられる地震が発生した。京都や奈良の寺社に被害があったほか、摂津・阿波(今の徳島県)・土佐に津波被害があったとされる。この地震の数日前に紀伊半島の東側でも地震が発生したという説もある。

時代が下るに従って地震の記述も詳しくなる。一四九八年九月二〇日には紀伊半島の東側で地震が発生した。**明応東海地震**と呼ばれている。この地震による津波は紀伊半島から房総まで押し寄せた。浜名湖はこの地震による津波によって海とつながった。また、鎌倉の大仏にまで津波が押し寄せたとされる。ただし、伊豆半島を回り込んでやや高台にある鎌倉の大仏にまで津波が押し寄せたのは不思議である。この地震はまた、紀伊半島の西側まで震源域となったという説もある。

その次の地震は、南海トラフの地震の中でやや特殊なものである。一六〇五年二月三日に発生した**慶長地震**である。この地震による津波は犬吠埼から九州に至る太平洋岸を襲い、多くの被害を発生させている。それに対し、揺れによる被害はほとんど報告されていない。そのため、この地震は津波地震であったと考えられている。

津波地震は、沈み込んだプレート境界の最も浅い部分の幅数十キロメートルほどの狭い領域のみがずれ動いて起きる地震とされている。浅い部分は摩擦も小さく、ずれ動いても強い揺れを発生させない。しかし、トラフ沿いの細長い領域すべてが連動してずれることは物理的に難しそうであるし、南海トラフ沿いの地震による高い津波が房総半島の東側にまで到達したことも不思議である。そのため、最近では南海トラフ以外で発生した地震、あるいは遠地で発生した地震による津波であるという説も出ている。

次が、南海トラフで発生した歴史上最大の地震である**宝永地震**である。宝永地震は一七〇七年一〇月二八日に発生し、マグニチュードは八・六とされている。紀伊半島の東側と西側が同時に震源域となり、西日本太平洋側に甚大な被害を発生させた。震度六弱以上になったと推定される地域は、駿河湾沿岸から九州東部まで及んだ。五〜一〇メートルの高さの津波が伊豆半島から四国までの太平洋岸を襲った。三重県の尾鷲では一〇メートルの津波が押し寄せた。この地震の約一カ月半後の一二月一六日には富士山が噴火し(宝永噴火)、江戸にも大量の降灰をもたらした。なお、この地震では駿河湾は震源域とならなかったと考えられている。

宝永地震から約一四七年後の一八五四年一二月二三日には**安政東海地震**が発生した。紀伊半島の東側で駿河湾までが震源となったとされている。揺れも強く、静岡県や山梨県の一部は震度七となったほか、震度六弱以上は愛知県・岐阜県・三重県にも及んでいる。津波は伊豆半島から紀伊半島にかけての太平洋岸に押し寄せ、伊豆半島の下田では寄港していたロシアの軍艦ディアナ号が津波で大破した。安政東海地震の三二時間後の一二月二四日には紀伊半島西側から四国沖を震源域とした**安政南海地震**が発生した。この地震により紀伊半島から九州東部までが津波に襲われた。徳島県・高知県を中心に震度六弱以上の揺れに見舞われた。

昭和東南海地震

南海トラフで発生した最も新しい巨大地震が、ここで説明する昭和の二つの地震である。太平洋戦争終結の間際であった一九四四年一二月七日、紀伊半島南東沖の熊野灘を震源としてマグニチュード七・九の巨大地震が発生した。**昭和東南海地震**である。揺れによる被害は静岡県・愛知県・三重県を中心に発生し、また三重県の熊野灘沿岸には高い津波が押し寄せ、大きな被害をもたらした。地震による死者は一一八三人と報告されている。

地震発生が戦時下であったため、中央気象台による調査が行われたものの、災害の全容は戦後の調査を待たなければならなかった。昭和東南海地震について、戦後初めて包括的な調査を行ったのは、一九七七年、飯田汲事が愛知県防災会議の仕事として行った調査である。また、新たな調査も含めた報告が、二〇〇七年に内閣府の災害教訓の継承に関する専門調査会報告として出版されている。ここでは、おもに内閣府と地震本部の報告書をもとに解説をする。

図1－4は東南海地震による津波の海岸における高さの分布である。この図は、最近の研究成果にもとづき政府の地震本部が作成したものである。図を見ると、紀伊半島の東側、熊野灘沿岸に他の地域に比べて高い津波が押し寄せていることがわかる。これは大きくずれ動いた震源域が熊野灘にあることを示している。

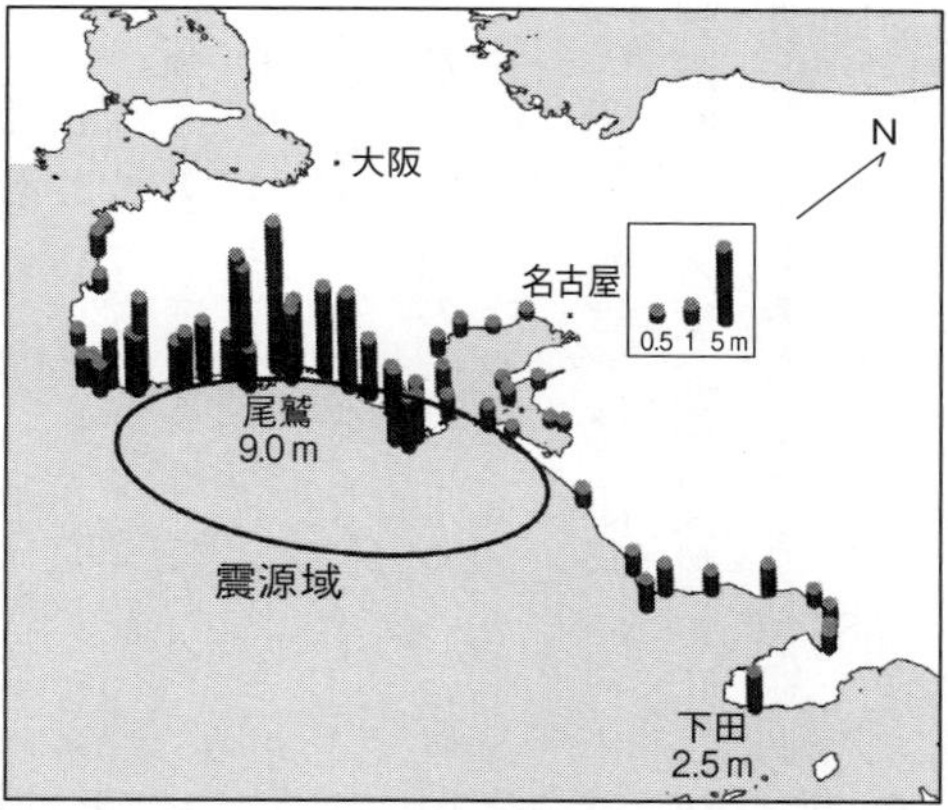

図1-4　昭和東南海地震における津波高の分布．地震調査研究推進本部「南海トラフの地震活動の長期評価(第二版)」に，昭和東南海地震の震源域を加筆した．

潮岬を回った紀伊半島の西側の津波の高さは相対的に低い。これは震源域から遠いことに加えて、岬の陰になっているためである。また静岡県の沿岸の津波もそれほど高くはないこともわかる。これは震源域の形状が影響している。震源域は、楕円形で近似することができるが、その場合の長軸の延長側は、短軸の延長側に比べて津波が低くなる。静岡県は長軸側の延長にあたると見なすことができる。名古屋のある伊勢湾内部は津波の高さが低い。渥美半島と志摩半島が、伊勢湾内部にとっては天然の防波堤の役割を果たしているからである。

津波は、志摩半島よりも南の三重県沿岸地域に甚大な被害をもたらした。昭和東南海地震による三重県の死者四〇六人のうち、志摩半島よりも南の地域の死者の合計が三六五人であった。しかし、飯田の調査によると三重県南部の震度は五から六程度となっており、震源域が近い割には揺れが小さい。

内閣府の報告では、津波に関して当時書かれた日記や作文が紹介されている。志摩半島の熊野灘側にある度会(わたらい)郡吉津(よしづ)村(現在の南伊勢町)の国民学校の生徒による作文では、揺れは「きょうしつがみしみし」という程度であったが、津波が来るということで学校の前の山に避難した。山から見える様子は、「どろ波がおしよせ」「町へ舟が流れてくるやら家がなんげんとなくたおされ」といった具合に描かれている。また翌日には、「学校付近の家は皆流されて道はどこかわからぬようになって」といった描写がある。東日本大震災の映像でわれわれが目の当たりにした、真っ黒い水が舟を浮かべたまま町に押し寄せて家々を流し去っていく様子と同じことが起きていたことがわかる。また、津波が去った後は、壊された家などの瓦礫が散乱し、道路もわからなくなったことも同じである(図1-5)。

津波の被害が三重県を中心としたものであったのに対し、揺れの被害が目立ったのは愛知県から静岡県中西部であった。被害で目立ったのが、地盤の軟らかい名古屋市南部や知多半島の半田市にあった軍需工場の倒壊による犠牲者である。これらの地域では戦闘機などの工場があり、学徒動員によって多くの女生徒が働いていた。半田市の中島飛行機製作所は、もともと紡績工場であったものを、翼の大きな戦闘機を組み立てるために柱を取り除くなどの改造を行っていた。また、秘密を守るために出入り口を最小限に限るなどの措置を行っていた。そのため、耐震性が著しく低下していたことに加え、避難路がほとんど確保されず、工場の倒壊とともに九六名の女生徒が命を落とした。

静岡県は、太平洋に面していたものの、津波は軽微であった。津波高は一〜二メートルであり、伊豆半島先端の下田以外では被害の報告がない。一方、地震による揺れにつ

図1-5　昭和東南海地震津波による尾鷲市の被害写真．提供：尾鷲市．撮影：太田金典氏．

いては、飯田の報告によると、とくに菊川市・掛川市の菊川流域や、袋井市・磐田市の太田川流域での被害が大きい。これは両河川の堆積物による軟弱地盤の影響であろう。なお、筆者の母は東南海地震の時に静岡県の鷲津（現在の湖西市）の鷲津小学校で授業を受けており、地震時の揺れで「天井がぐるんぐるん回った」ことを記憶しているという。鷲津小学校は高台の地盤のしっかりした場所にあり、地震による倒壊は免れた。

ところで、前述したように、昭和東南海地震は、伊勢湾の外側から熊野灘にかけた地域が震源域となったマグニチュード七・九の地震であったとされる。ＧＰＳによる地殻変動や地震観測網が高度に発達した現在では、プレート境界のどの場所がどの程度ずれたかは数時間のうちに計算することができる。昭和東南海地震が起きた当時は、現在のような高密度の観測網がなかった。どのようにして震源域やマグニチュードを推定したのだろうか。

地震によるずれの全体像を把握するためには津波の記録を用いる。現在では、ＧＰＳ等の地殻変動データや、長周期まで記録できる地震波形を用いるが、当時はもちろん、そのような観測は行われていなかった。津波は海底の隆起によって海水が持ち上げられ、それが周囲に波として伝わっていく現象である。非常にゆっくり海底が隆起すれば、隆起している間に海水が移動してしまい、津波は起きない。津波地震も含めて通常の地震では、海水が移動して逃げていかない程度の速度で海底が隆起する。海底の隆起は、地下の断層のずれによって引き起こされる。したがって、津波の波形を調べれば海底の隆起を推定でき、さらに断層のずれを推定することができる。そのような解析が当時の検潮所における津波記録を用いて複数の研究者によって行われている。その結果、震源域は紀伊半島南東から愛知県の渥美半島付近にまでは拡がっており、志摩半島付近でのずれの量が三メートル以上あることが明らかになった。断層の面積とずれが明らかになればマグニチュードも計算できる。一方、地震波形を用いた解析も行われているが、解析結果相互の不一致があったり、津波解析記録と合わない点があるなど、まだ一致した見解が得られるまでには至っていない。

震度分布も地震断層におけるずれの特徴を知る重要なデータである。震度とは、言うまでもなく地震による揺れであるが、揺れのすべてを反映しているわけではない。地震による揺れのうち、木造家屋に最も影響の大きい周期一〜二秒の周期の揺れの強さを反映するような数値となっている。

最近の研究では、この震度に反映するような揺れは地震時にずれ動く断層面から一様に出るわけではないことがわかっている。断層のずれは、拡がっていく際にぎくしゃくしながら拡がっていくのが普通である。そのぎくしゃくの具合によって、震度に影響するような振動を強く発生する領域ができる。そのような領域を**強震動生成域**と呼んでいる。昭和東南海地震では、三重県に比べて愛知県や静岡県における揺れの被害が大きかった。これは地盤の影響もあるが、強い振動を発生する強震動生成域が東側に偏っていたためとも解釈できる。

東南海地震では長野県の諏訪も被害を受けている。震源域の端から一五〇キロメートルも離れた、いわば飛び地のような場所が強い揺れに襲われた。揺れの強さは震度六相当であった。工場や民家が倒壊し、地下水も噴き上がったという。地震が発生した当時は、これが東南海地震による揺れであったとは想像だにされず、地元では長い間、「諏訪地震」として記憶されてきた。諏訪地震がじつは昭和東南海地震であったことが認識されるようになったのは、ずっと後のことで、当時地元企業の労務課長をしていた宮坂五郎さんが一九八二年に気づいたのがきっかけである。諏訪湖のある諏訪盆地は**糸魚川–静岡構造線**の活動によって形成された盆地である。盆地に形成された湖に周囲から砂や泥が流れ込んで、徐々に埋め立てられて平地ができた。そのため、地盤が軟く、非常に揺れやすいという特徴がある。したがって、昭和東南海地震の際にも大きく揺れたのだろう。

昭和南海地震

昭和東南海地震が発生してから二年後の一九四六年一二月二一日、四国から紀伊半島沖を震源域としてマグニチュード八・〇の巨大地震が発生した。**昭和南海地震**である。この地震により一四〇〇名あまりの方々が犠牲になった。

気象庁の資料によると、強い揺れが紀伊半島から四国の太平洋沿岸を中心に襲い、少し離れた濃尾平野沿岸や瀬戸内海沿岸でも震度五となった。紀伊半島から四国の太平洋側沿岸には高い津波が襲い、和歌山の御坊(ごぼう)では六・一メートル、高知県の須崎では五・九メートルを記録している(図1-6)。被害は、高知県・和歌山県・徳島県の三県で顕著であり、とくに高知県の犠牲者は全体の半分を占めている。気象庁(当時の中央気象台)のまとめによると、震度六の地域がない。昭和東南海地震で震度六の地域があったことと比較すると、全体として揺れの強さは小さいと思われる。これは昭和東南海地震に比べて震源域が沖合にあることが反映していると考えられる。

昭和南海地震の震源域も、当時の検潮所における津波の記録や地震計の記録の解析によって推定されている。津波の記録から推定された断層面上のずれの分布は、紀伊半島の西側とその沖合、それに加えて土佐湾内でのずれの量が大きいとされている。全体としての震源域は、紀伊半島の潮岬沖から足摺岬沖までであると推定される。地震波形を用いた推定も行われている

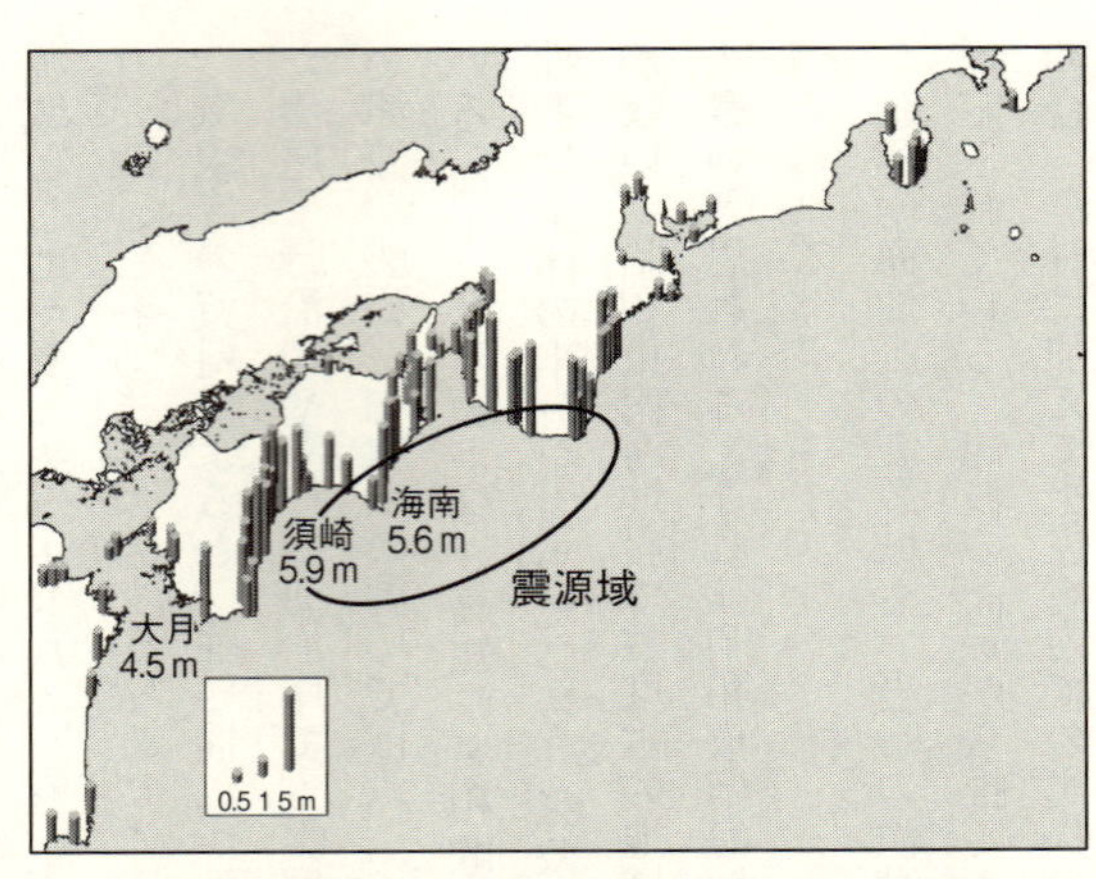

図 1-6　昭和南海地震における津波高の分布．地震調査研究推進本部「南海トラフの地震活動の長期評価(第二版)」に推定されている南海地震の震源域を加筆．

が、断層面のずれが大きかった場所について若干の不一致があり、さらなる検討が必要である。

昭和南海地震の調査は、昭和東南海地震に比べて十分に行われていないが、それでも海上保安庁海洋情報部の前身である海上保安庁水路部が調査結果を一九四八年に報告している。報告は各地の津波・地盤の隆起沈降や揺れなどの地変、港湾施設や海岸の建物などへの被害を丹念にまとめており、客観的な資料として価値の高いものである。資料は二〇一一年にまとめた資料も含めてウェブ経由で入手可能である。

南海地震で忘れてはいけないのは地殻変動である。フィリピン海プレートは南海トラフから沈み込み、上に載った地殻を陸側に向けて押している。地震時にはプレート境界が一気にずれ動き、押しつけられた地殻が跳ね上がる。そのためトラフに近い側では地盤が隆起し、離れた側では沈降する。トラフに近い潮岬、室戸岬、足摺岬では地震時に隆起をするのに対し、トラフから離れた高知などでは沈降する。

地盤が隆起した場所では、一時的に港が使いにくくなるなどの影響で済むが、地盤が沈降した場所での被害は深刻である。昭和南海地震では、高知市は約一メートルも沈降した。地盤の沈下によって市街地の広い範囲が水に浸かってしまった。この沈下は地震発生にともなって突然起きる。地震の揺れに翻弄され、気がつくと地盤が沈んでいるのである。東北地方太平洋沖地震では、宮城県の牡鹿半島では一・二メートルも地盤が沈下した。南海トラフでも同じことが起こっていたのである。

いったん沈んでしまった地盤は、その後ゆっくりと隆起する。これは、プレート境界面で地震時に急激にずれた場所(震源域)よりも深い部分が、地震の後にゆっくりとずれていくからである。このような地殻変動を**余効変動**(よこうへんどう)と呼ぶ。地震時のひずみエネルギーを周辺に拡散させていくプロセスと考えられる。高知平野は約五年で元の高さにまで回復した。東北地方太平洋沖地震でも、同様の余効変動が生じていて、地震時に沈降した場所も徐々にではあるが隆起しつ

図 1-7　宗徳寺(愛知県蒲郡市)の境内が断層によってずれた．左側のお堂(現在は再建)の土地が 1.5 m 隆起した．

つある。

三河地震

昭和東南海地震直後の一九四五年一月一三日には、愛知県東部を震源としてマグニチュード六・八の地震が発生した。**三河地震**である。三河地震によって愛知県の幸田町や蒲郡市(現在の地名)を中心に、家屋倒壊による多くの犠牲者が出た。死者は二三〇〇人あまりとされ、前年末に発生した昭和東南海地震の死者よりも多い。

この地震にともない、地表に断層が現れた(図1-7)。西側の地盤が東側の地盤に乗り上げるように動いた逆断層である。乗り上げた側の地盤に建っていた家の多くが倒壊したため、多くの人が犠牲になった。また、地震発生が人々の寝静まっている未明であったことも死者の数を多くした。一九九五年一月一七日に発生した兵庫県南部地震は、夜明け前の午前五時四六分に発生した。三〇〇人あまりが犠牲になった二〇〇九年イタリアのラクイラ地震は、真夜中の午前三時三二分に発生している。就寝時に人はとっさに動くことができず、建物や家具の下敷きで犠牲になりやすい。

　三河地震は前震をともなっていた。前震は一月七日ころから始まり、一月一一日には多数の地震が発生した。体に感じる地震も発生していたようで、人々は不安になり、すぐに逃げられるように一階で寝ていた人もいたようである。しかし、地震による強い揺れによって一階がつぶれて犠牲になった人たちも多かった。それまでほとんど地震の発生してこなかった場所で、小さな地震が起き始めたときには注意が必要である。引き続いて大きな地震が発生する場合がある。しかし、当時はそのような知識もなく、また戦争末期であったために情報も行き渡らなかったのであろう。

　三河地震は、昭和東南海地震の震源域のすぐ近くで発生した地震であり、昭和東南海地震の発生によって誘発された地震であると見なすことができる。三河地震を発生させた**深溝断層**（ふこうずだんそう）は、地形的には活断層であることは認められるものの、活動度は比較的低く、一万年に一回程度の地震発生頻度とされている。現在の政府地震本部による長期評価の対象にもされていない程度の活断層である。そのような活動度の低い活断層が偶然この時期に動いたと考えるよりは、昭和東南海地震により誘発されて動いたと考える方がよいだろう。

二〇一一年の東北地方太平洋沖地震の直後にも、長野県・新潟県境や富士山の直近で地震が発生している。また、福島県のいわき市では、あまり活動度の高くないとされていた井戸沢断層と湯ノ岳断層が動いて地震を発生させた。このように、プレート境界で発生する巨大地震の直後には、思わぬところで内陸直下型の地震が発生することがある。

3　いつ起きるのか

地震の長期評価

筆者は南海トラフの巨大地震について講演などで解説をすることも多い。その際に比較的よく聞かれる質問がある。おおまかにまとめると、「本当に起きるのか?」「起きるのなら、いつなのか?」「予知はできるのか?」という質問である。このうち「予知はできるのか?」については第4章に譲り、最初の二つの疑問に答えることにする。

東海地震は「起きる、起きる」と言われ続けて三〇年経っても起きていない。「本当に起きるのか？」と思うのは自然な疑問である。また、未知の巨大地震に不安を持つのも自然なことであり、それがいつ起きるのか知りたいと思う気持ちもよくわかる。ここではそうした不安や疑問に答えていきたい。地震対策の基本は、いつ地震が来てもよいように、事前の対策を施しておくことであるのだから。

まず、本当に地震は起きるのかという質問に対しては、はっきり「イエス」と言える。南海トラフでは西暦六〇〇年以降を見ても、一〇〇年から二〇〇年の間隔でマグニチュード八クラスの地震が発生している。南海トラフの地震は海底のプレートが日本列島の下に沈み込むことによって発生する地震である。プレートの動きは地球全体のマントル対流の一部なので、急に停止することは考えられない。したがって、地震は将来にわたって繰り返し起き続ける。

では、いつ起きるのだろうか。国の地震本部は、地震発生の長期評価を発表し、今後三〇年間で六〇から七〇％の確率で起きるとしている。地震発生の長期評価とは、地震の長期的な発生確率である。次の地震の発生を、過去の地震の発生履歴から統計的に予測するものである。地震本部では、このような考えにもとづき、全国の海溝型地震および活断層型の地震について長期評価を行っている。南海トラフは、その中でも信頼できる地震発生履歴の記録が最も多く、長期評価の出発点と言ってもよいものである。

過去の地震発生履歴から将来の地震発生を確率的に予測するためには、一つの仮定と、三つの情報が必要である。必要とされる仮定は、地震の繰り返しに関する仮定である。地震本部では、「同じ規模の地震が同じ間隔で繰り返す」という仮定と、「同じ規模の地震の発生頻度が一定」という仮定を、断層や想定震源域ごとに使い分けている。前者の仮定は**固有地震モデル**と呼ばれ、後者の仮定は**ポアソン・モデル**と呼ばれている。

固有地震モデルでは、繰り返し間隔が一定であり、いったん地震が起きると同規模の地震がしばらく起きないことを仮定している。ポアソン・モデルでは、地震発生頻度を一定としているだけなので、地震の発生確率は時間によらず一定になる。南海トラフでは、マグニチュード八クラスの過去の地震発生履歴が比較的よくわかっており、発生様式がポアソン・モデルよりは固有地震モデルに当てはまるという研究結果がある。そのため南海トラフでは、固有地震モデルを用いて確率予測をしている。

三つの情報とは、①平均繰り返し間隔、②繰り返しのばらつき、③最後に発生した地震の時期に関する情報である。南海トラフの場合には、過去の地震発生間隔から計算すると、①の平均繰り返し間隔は一五七年である。②の繰り返しのばらつきは、最短は安政と昭和の地震の間の九〇年、最長は康和と正平の地震の間の二六二年である。このばらつきに対応する数値を用いている。さらに最後の地震は昭和東南海地震、あるいは昭和南海地震である。これらの情報を用いると、次に発生する地震の発生時期の確率を計算することができる。

実際に地震本部が行った計算によると、この場合の今後三〇年間における南海トラフの地震発生確率は三％程度となる。本書の執筆時点である二〇一五年は、昭和の地震から七〇年しか経過していないので、次の地震までの平均間隔の半分にも達しておらず、このような低い確率になる。ただし、南海トラフにおける地震発生については、さきに述べたように古い時期ほど発生間隔が長い傾向にある。このことから、古い時期に発生した地震を見落としている可能性も否定できない。そこで、信頼性の高い宝永地震以降の発生時期だけから、平均繰り返し間隔を一一九年と仮定すると、今後三〇年間における地震発生確率は二五％程度となる。

しかし、規模の大きい宝永地震の後は約一五〇年の間隔があったのに対し、安政の地震の後は昭和の地震まで九〇年しか間隔がない。昭和の地震は歴史的には最も規模の小さい部類の南海トラフ地震であったことから、次の地震までの間隔は短いのではないかという心配もある。そのため地震本部では、**時間予測モデル**を用いた確率計算もしている。時間予測モデルとは、ひと言でいえば、規模の大きな地震の後は長く休み、規模の小さな地震後の休みは短い、という考え方にもとづくモデルである。具体的には、地震時に断層がずれた量と次の地震までの時間が比例するというモデルである。そのモデルによると、昭和の地震から次の地震までに期待される間隔は、約八八年となる。これを発生間隔として計算すると、今後三〇年間の地震発生確率は七〇％程度となる。これらの確率値を勘案し、防災上の観点では油断は禁物であることから、地震本部では時間予測モデルを用いた確率を発表している。

着々と準備が進む巨大地震

地震の長期評価確率の高低はさておくとしても、日本列島の地下では次の巨大地震に向けて着々と準備が進んでいることは間違いない。現在の観測システムは、そのような地震に向けた準備の様子をきちんと観測できるレベルになってきた。

地震が準備されつつあることを示す重要な観測データは、**GNSS**（グローバル・ナビゲーション・サテライト・システム）により観測される地殻変動である。GNSSはかつてGPS（グローバル・ポジショニング・システム）と呼ばれていた。GPSは米国の測地衛星システムの名称であり、現在はそれ以外の測地衛星のデータも用いているため、より一般的な名称であるGNSSが用いられている。

日本列島には、国土地理院などにより全国に一三〇〇点以上のGNSS観測点が設置されている。GNSSは地球の周りを回る人工衛星からの電波を受けて自分の位置を知るシステムである。現在はほとんどの携帯電話やスマートフォンに登載され、近くの飲食店を探すなど身近な用途にも利用されている。通常の処理方法ではその精度は一〇メートル程度であるが、衛星の発する電波を巧妙に利用すると、数ミリの移動も検出することが可能となる。

そのようなデータを用いて、日本列島の変形を表現したのが図1-8である。これは長崎県の対馬を不動点として図を描いたもので、中部から西日本全体が北西方向に動いていることがわかる。そのなかでも南海トラフ沿いの動きが大きく（矢印が長い）、沈み込むフィリピン海プレートによって日本列島が押されていて、地震時に跳ね返るためのエネルギーを着々と蓄積していることを表している。

最近は地震計の記録によっても南海トラフの巨大地震の準備が進んでいることが見えている。それは**深部低周波地震**と呼ばれる現象である。この現象は、南海トラフ沿いにプレートが深さ三〇キロメートルを超えるあたりまで沈み込んだ場所で起きている（図1-9）。深部低周波地震は、一九九五年の阪神・淡路大震災後に拡充された全国の地震観測網によって明らかになった現象である。低周波地震と呼ぶのは、同規模の通常の地震波に比べて、低い周波成分に卓越しているからである。地殻変動と地震観測を比較した精密な観測により、この低周波地震はプ

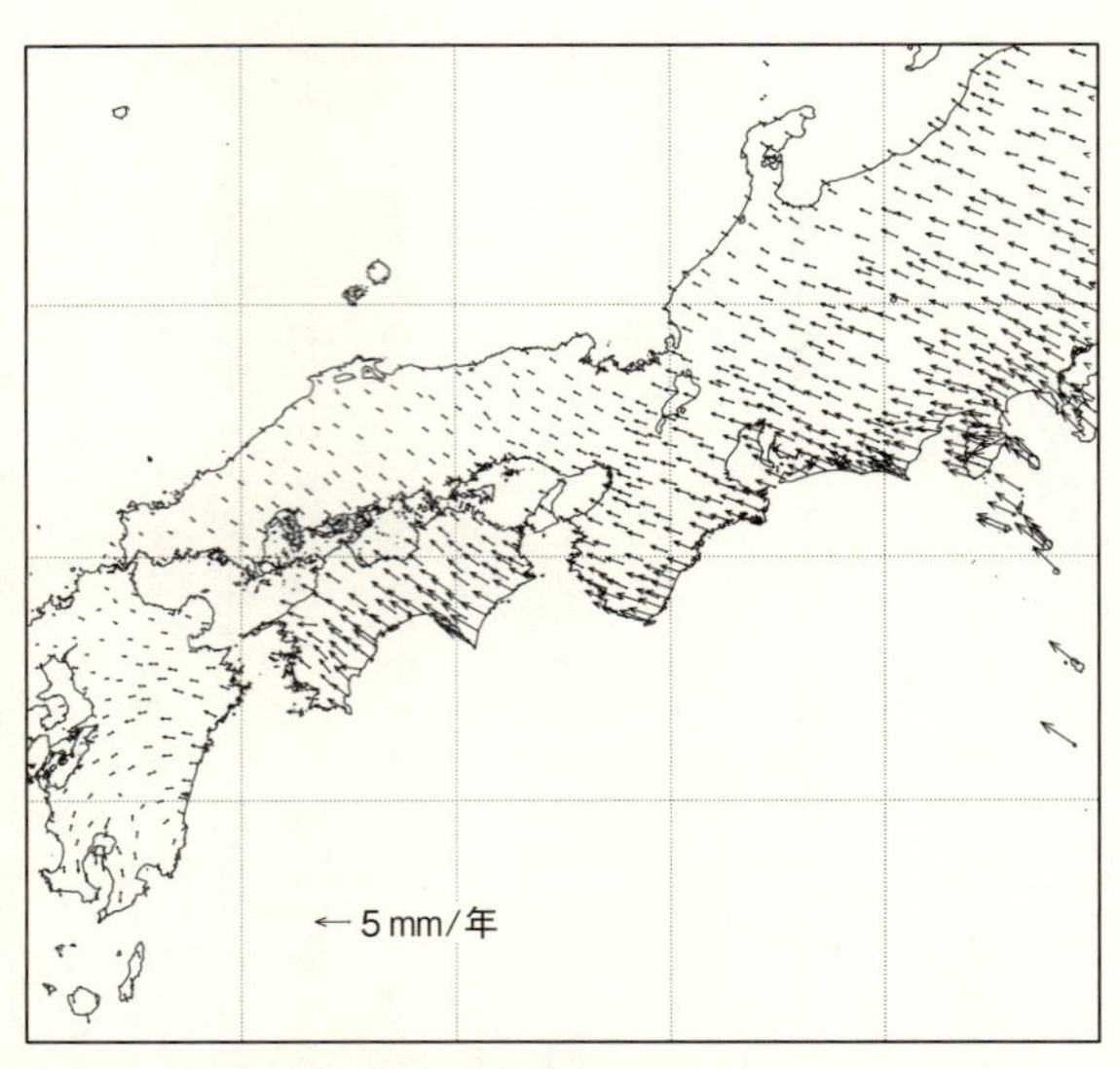

図 1-8　国土地理院 GEONET 観測点の動き．2009 年～2010 年にかけての動きを，長崎県の対馬に対する相対的な動きで表示した．

レート境界がゆっくりとずれる現象(スロースリップ)にともなう地震であることが明らかになった。西日本の南海トラフ沿いでは、だいたい半年に一回のペースでこの低周波地震が発生している。

低周波地震が起きる場所は、巨大地震の震源域の深部延長である。このことは巨大地震の準備過程を理解する上で非常に重要である。プレートが沈み込む際には、プレートの上側にある陸側のプレートも引きずられる。プレート境界面に摩擦力が働くからである。この摩擦の性質は、その場所の温度によって変化する。

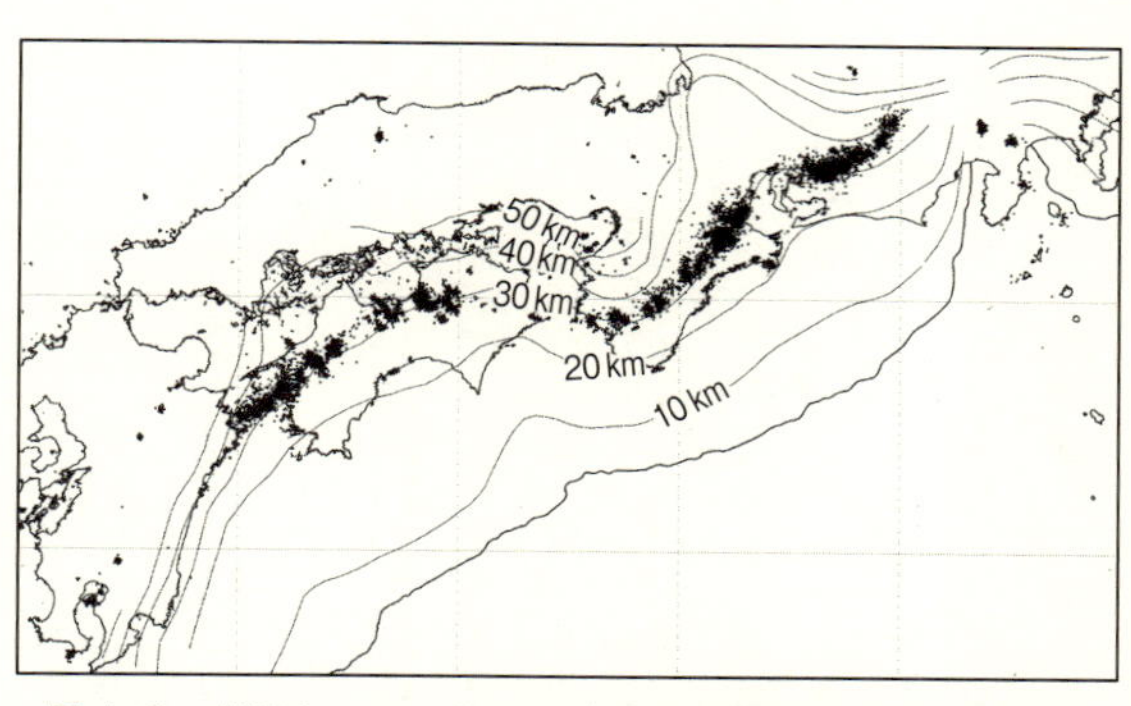

図 1-9　南海トラフに沿って発生する低周波地震の震源分布．気象庁の地震カタログ(2001 年〜2010 年)からプロットした．火山地域以外に沈み込むプレートに沿って震源が分布していることがわかる．

温度が比較的低い場所では、プレート境界面がずれ動き始めると、急激に摩擦が小さくなる性質がある。このような摩擦の性質を持つ境界面では、普段は摩擦力のために固着していても、固着が限界に達すると急激にずれ動く。これが地震である。南海トラフでは深さ三〇キロメートルあたりまでの領域が、地震の起きる場所に対応する。

一方、温度がおおむね摂氏三〇〇度よりも高くなると、境界面でずれが始まっても摩擦力は小さくならず、ずれの速さが大きくなればなるほど摩擦力が大きくなるという性質がある。そのような境界面は、一定の速度で常にずれ動いている。南海トラフではおおむね四〇キロメートルよりも深い場所で、このような定常的なずれが起きている。

低周波地震をともなうスロースリップが起きてい

る場所は、急激な地震を発生させる場所と定常的にずれている場所との中間の領域である。急激な地震発生と定常的なずれの両方の中間的な性質を備えているため、時々ゆっくりとずれるのである。

さて、このようなずれはどのような意味を持つのだろうか。沈み込むプレートと陸側の岩盤は、深さ四〇キロメートルよりも深部の境界面で常にずれ動いている。そうすると、すぐ浅い側の固着している場所のひずみを増大させる。ここは低周波地震をともなうスロースリップが発生する領域である。そこでスロースリップが発生すると、その場所のひずみは解消されるが、同時にさらに浅い側のプレート境界のひずみを増大させる。そこが巨大地震の震源域である。低周波地震域のゆっくりとしたずれによって、巨大地震発生域にひずみが蓄積しているのである。

この作用はひずみエネルギーが深部から浅部に運搬されると解釈してもよい(図1-10)。ひずみエネルギーとは、縮んだバネに蓄えられたエネルギーであると考えるとよい。バネは縮むことによってエネルギーを蓄え、伸びるときにエネルギーを解放する。プレート境界のずれ動きによって、解放されたエネルギーの一部は摩擦によって熱エネルギーに変換されるが、残りのエネルギーは周囲に分配される。エネルギーは何もないところからは生み出されない。このひずみエネルギーの源は、周囲よりも密度の大きいプレートが沈み込むことによって解放される位置エネルギーである。プレートの沈み込みは、大きく見るとマントルの対流の一部であるので、解放される位置エネルギーは地球がもともと持っていた熱エネルギーに他ならない。

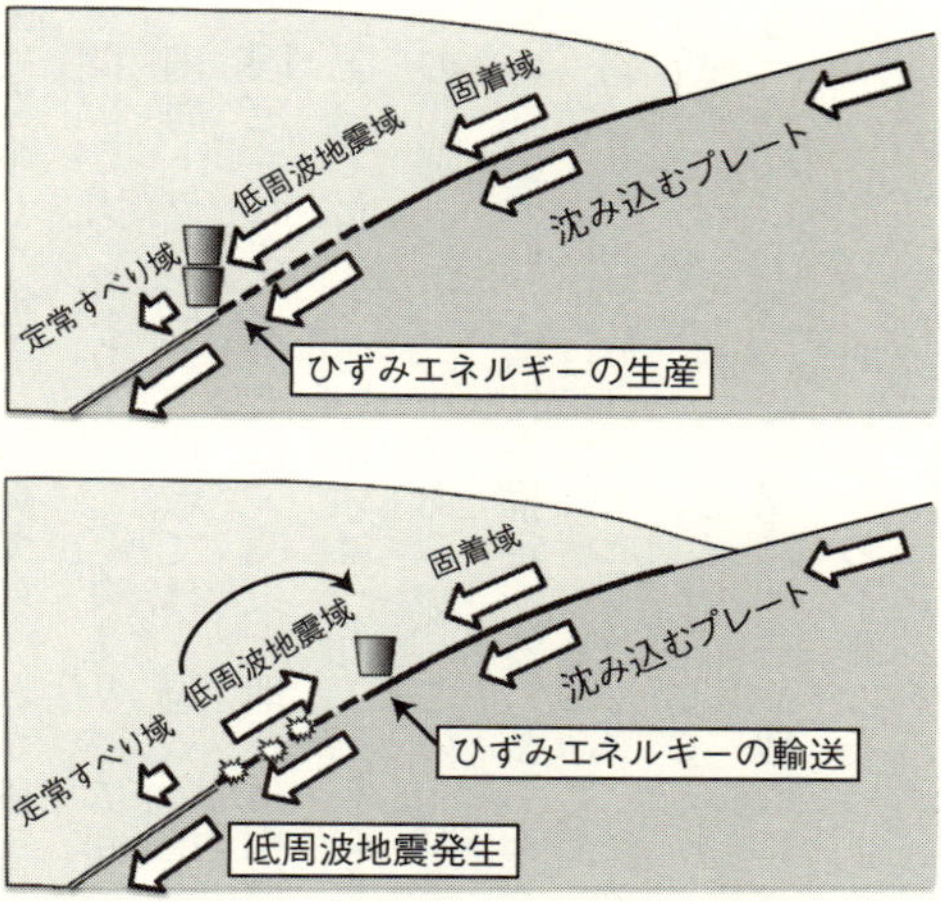

なお、プレート境界で発生する低周波地震は、しばしば震動が長く継続することから、低周波微動とも呼ばれる。どちらも同じ原因で発生する同じ現象である。

図1-10　沈み込むプレート境界に沿ってひずみエネルギーが運搬されていく様子を模式的に示した図.

あいまいさの原因

地震の発生予測には、あいまいさがともなう。その原因の一つはデータ、もう一つはモデルである。地震発生の長期評価では、過去に発生した地震のデータを用いて、平均発生間隔と最後の地震の時期を明らかにし、次に起きる地震の時期を予測する。過去に発生した地震については、わが国で最も良くわかっている南海トラフ沿いであっても、発生間隔が九〇年から二〇〇年といったばらつきがある。

南海トラフ以外の地域では、過去の地震に関する文書記録が少なく、遡ることのできる年限も限定される。例えば、関東大地震は相模湾のプレート境界で発生する巨大地震であるが、文書記録でわかっているのは一九二三年の大正の関東地震と一七〇三年の元禄地震だけである。その間隔は二二〇年であるが、この一回分しかわかっていない。地形や地質の情報によって過去の地震の発生時期を推定する方法もあるが、文書記録に比べると時間の分解能は落ちる。

陸上の活断層の地震についてはもっとわからない。そもそもの平均的な発生間隔は、活発な活断層であっても一〇〇〇年程度であり、最新の地震発生については文書記録があったとしても、それ以上遡った記録は地質や地形にしか残っていない。このように地震発生間隔に不確実性があるため、地震発生の予測はあいまいさから逃れることができないのである。

さらに、地震発生を推定するための統計モデルについても議論の余地がある。地震発生の統計モデルとは、要するにどのような法則によって地震が発生するかという考え方のことである。さきに述べたように、固有地震モデルでは、ほぼ同じ規模の地震がほぼ同じ間隔で発生すると仮定している。その一方で、地震の発生は**グーテンベルク－リヒター則**（GR則）という、べき乗則に従うという制約がある。ＧＲ則とは、地震のマグニチュードと発生頻度との間に成り立つ、かなり普遍的な法則である。あるマグニチュードを超える地震の総数の対数はそのマグニチュードに比例して減少しているというものである。通常、マグニチュードが一増加すると、地震の頻度は一〇分の一になる。このＧＲ則に従うということは、物理的に言うと、大きな地震も小さな地震も同じ性質を持つということである。この考えは固有地震の考えとは相容れない。

固有地震モデルを用いて次に発生する地震を長期的に予測するためには、その場所(断層)で発生する最大規模の地震は特別である、という考え方を取り入れなければいけない。それが固有地震という考えにつながっている。固有地震よりも小さな地震はＧＲ則に従い、最大規模だけは特別扱いする考え方である。最大の地震の規模が、断層の長さや沈み込むプレートが固着している場所の大きさで決まるという考え方はわかりやすい。しかし、本当にそうかどうか、またどの地震を最大規模とするかについてはまだ議論が分かれている。

実際、活断層で発生した過去の地震を推定する場合には断層を掘って地震によるずれの履歴を確かめる。つまり、地表をずれ動かす程度に規模の大きな地震の履歴を調べている。ところが、大きな被害をもたらす地震が必ず地表をずらすとは限らない。二〇〇四年に発生した新潟県中越地震は地震時に地表に明瞭な断層を形成しておらず、地質学的には記録されない可能性が大きい。このように地表付近の活断層に記録されない地震があることも事実であり、長期予測のあいまいさの原因となっている。ただし、地震本部が作成している「全国地震動予測地図」は、固有地震以外の地震も確率的に評価をして作成してあり、地震発生の長期評価の欠点をある程度カバーしたものとなっている。

＊図1-9に用いたプレート等深線データは、広瀬ほか、地震、二〇〇七、広瀬ほか、地震、二〇〇八、Hirose et al., JGR, 2008, Nakajima et al., JGR, 2009, Nakajima and Hasegawa, JGR, 2007, Baba et al., PEPI, 2002による。

第2章　最大クラスの地震とは

1　311と何が違うか

南海トラフで発生する巨大地震は、二〇一一年三月一一日に発生した東北地方太平洋沖地震と何がどのように違うのだろうか。ともにプレートが沈み込む境界で発生する地震であり、津波をともなうという共通点がある。しかし、南海トラフはフィリピン海プレートが沈み込む場所であり、東北地方は太平洋プレートが沈み込む場所である。プレートの年齢も厚さも異なるし、沈み込むプレートの形状も異なるため、地震の起き方にも違いができる。それだけでなく、自然条件も異なれば社会的条件も異なる。南海トラフと東北地方太平洋沖について、地震発生様式、自然条件、さらに社会的条件の違いに着目して順に比較していこう。

地震発生様式の違い

東北地方太平洋沖地震が発生した日本海溝沿いと、南海トラフの巨大地震が発生する南海トラフ沿いにおける地震の発生様式は何が違うのだろうか。

ひと言でいえば、複雑さが異なる。日本海溝沿いの地震発生は、南海トラフよりも複雑とされている。複雑さの違いは、普段の地震活動に現れている。東北地方のプレート境界では普段から地震活動が活発である。二〇一一年の巨大地震の後、余震活動が非常に活発なのはよく知られているが、それ以前から多くの地震が発生していた。一方、南海トラフ沿いでは、普段の地震活動は静かである。二〇一〇年の一年間で調べてみると、東北地方太平洋沖の北緯三六度から四一度までの領域では、マグニチュード二以上の地震が約三〇〇〇個以上も発生している。それに対し、南海トラフの東経一三二・五度から一三九度までの領域では同じマグニチュード二以上の地震が三〇〇個程度しか発生していない。南海トラフは、地震活動で見ると普段は非常に静かなのである。

図2-1に、南海トラフ沿いと日本海溝沿いの一九三〇年以降におけるマグニチュード六以上の地震の発生時期を示した。マグニチュード八前後の地震の回数は南海トラフ沿いでは二回、日本海溝沿いでは東北地方太平洋沖地震を含めて三回で同程度である。しかし、それより小さな地震は圧倒的に日本海溝沿いの方が多いことがわかる。

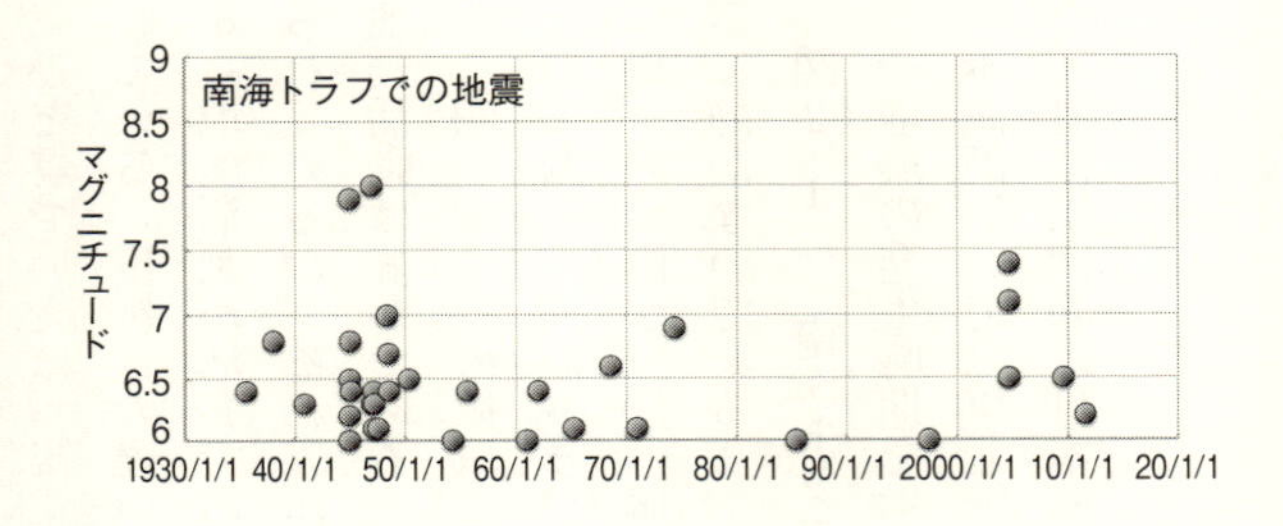

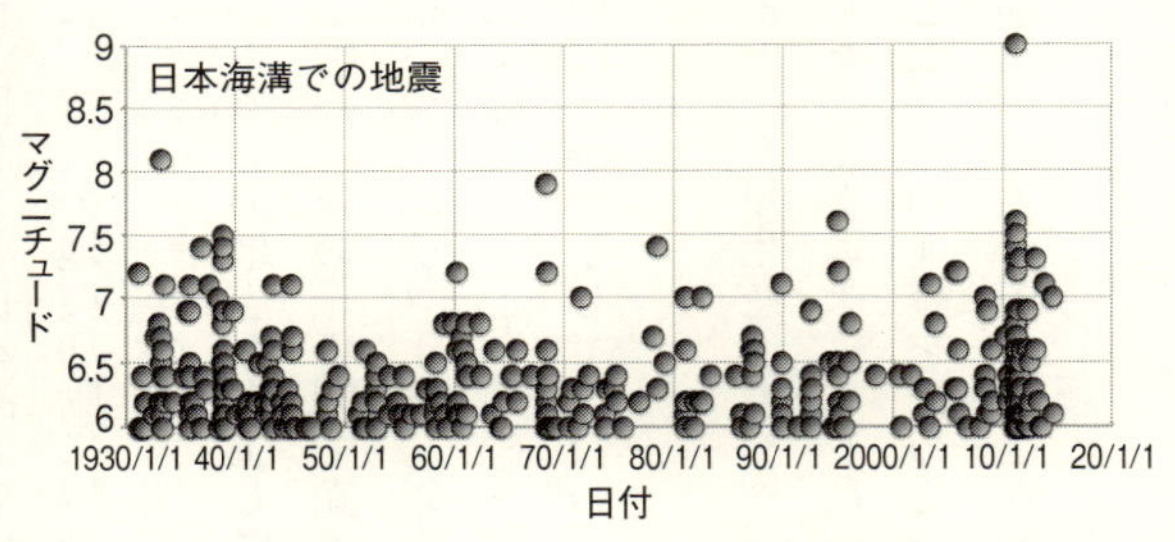

図 2-1　日本海溝沿いと南海トラフ沿いにおける 1930 年以降の地震活動．マグニチュード 6 以上の地震の発生時期を気象庁の震源カタログから示した．

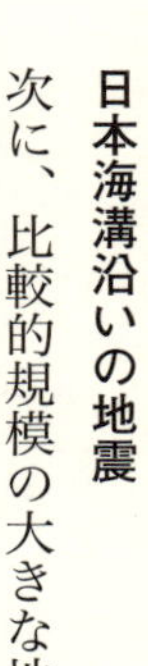

日本海溝沿いの地震

次に、比較的規模の大きな地震の発生について詳しく見てみよう。

東北地方の三陸沖北部では、過去にマグニチュード七・五前後の地震が繰り返し発生している。最近では、一九六八年五月一六日に発生した**十勝沖地震**(M七・九)と一九九四年の一二月二八日には**三陸はるか沖地震**(M七・六)が発生している。それ以外にも、一九三〇年以降にマグニチュード七程度の地震が八回も発生している(図2-2)。ちなみに、一九六八年の地震は十勝沖地震と名付けられているが、発生場所としては一九九四年の三陸はるか沖地震に近い。北海道の十勝沖では、ほぼ震源域を同じくしてマグニチュード八クラスの地震が、一九五二年と二〇〇三年に発生している。一九六八年の十勝沖地震の震源域は、これらとは明瞭に異なっており、混乱しないよう注意が

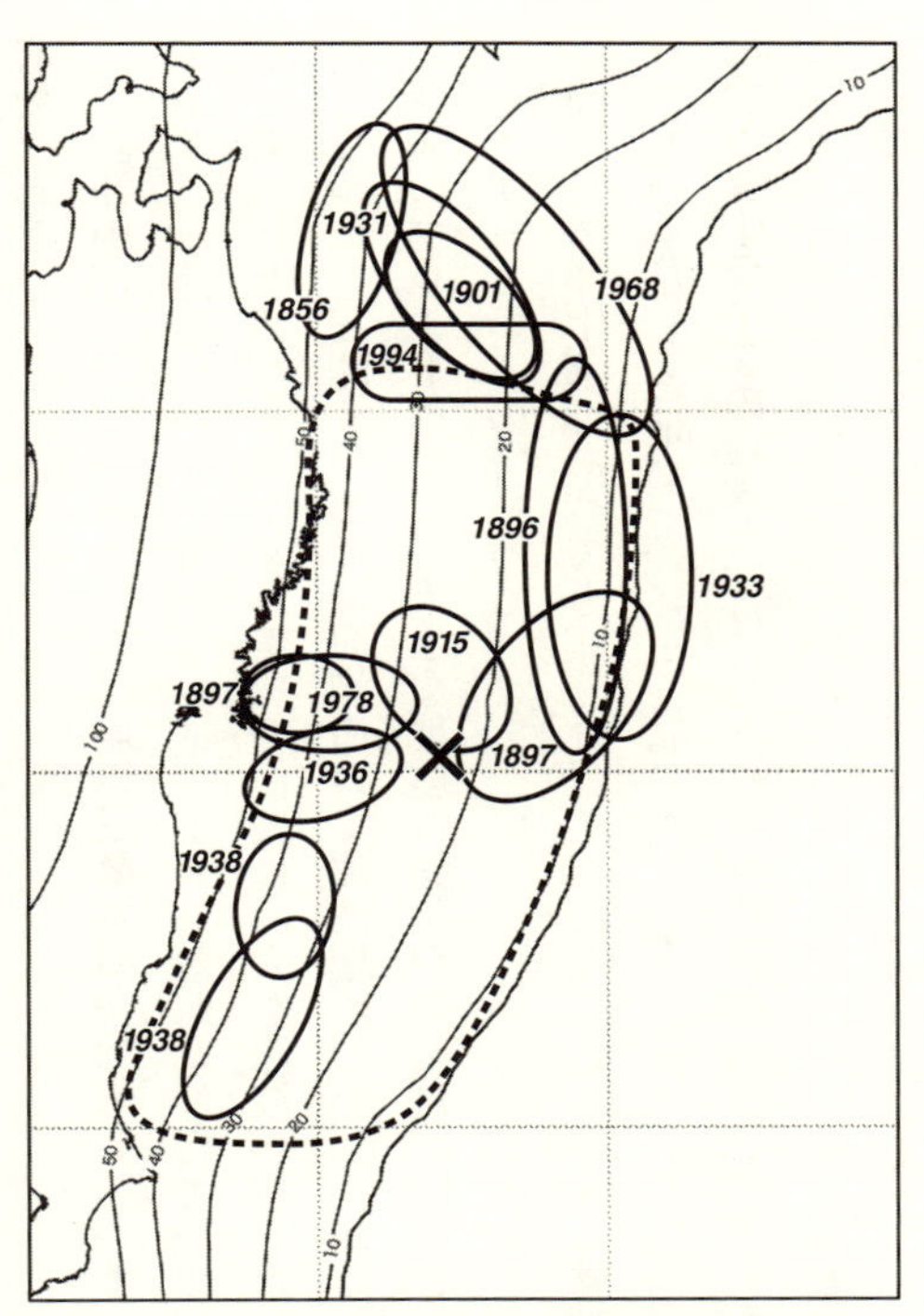

図 2–2　日本海溝沿いの巨大地震の震源域．日本の地震活動(地震調査研究推進本部)から日本海溝沿いのM7.4 以上の地震の震源域を示した．波線は 2011 年東北地方太平洋沖地震の震源域で×印は震源(破壊開始点)を示す．

必要である。

三陸沖中部では、一八九六年に**明治三陸地震**が発生している。この地震は典型的な津波地震である。三陸沿岸から一五〇キロメートルも離れた沖合で発生し、体に感じる揺れはごくわずかであったため、まったく無警戒の住民に巨大な津波が襲いかかり、二万人以上の人たちが犠牲となった。三陸沖中部では海溝沿いで津波地震の発生が知られているものの、それよりも深い陸側のプレート境界では大きな地震の発生が知られていない。プレート境界が普段からゆっくりとずれているのであろう。

同じ三陸沖中部であっても、一九三三年に発生した**昭和三陸地震**（M八・一）は海溝の外側（陸と反対側）で発生した地震で、沈み込む前の太平洋プレート内部で発生した地震である。最近では**アウターライズの地震**と呼ばれているものである。アウターライズとは、プレートが海溝から沈み込む際に下向きに折り曲げられることにより、その反動で盛り上がった場所のことである。海溝の外側（outer）で、盛り上がる（rise）ため、このような名称で呼ばれている。

最近では、プレート境界の地震とアウターライズの地震はペアで起きることが多いと考えられ始めている。一八九六年の明治三陸地震はプレート境界の地震で、一九三三年の昭和三陸地震とペアと見なされている。同様な例は、北緯四七度付近の千島列島沖にもある。二〇〇六年一一月一五日には、千島海溝から沈み込むプレート境界でマグニチュード八・三の地震が発生し、翌二〇〇七年の一月一三日には千島海溝の外側でマグニチュード八・一の地震が沈み込む前のプレート内で発生した。プレート境界で発生した地震によってプレート内のひずみが変化し、海溝の外側の地震を誘発したと考えられている。

三陸沖南部から宮城県沖では、マグニチュード七・五前後から八クラスの地震が数十年おきに発生している。この領域はGPSや海底地殻変動のデータの解析から、普段は強く固着している場所とされている。この領域で発生した地震としては、知られている地震だけでも一七九三年、一八六一年、一八九七年(二回)、一九一五年、一九三六年、一九七八年のものがある。そのため、この地域での地震発生が非常に切迫しているとされてきた。二〇一一年の東北地方太平洋沖地震はこの領域からプレート境界面のずれが始まって巨大地震となったものである。したがって、大地震が切迫しているという予測は正しかった。しかし、震源域が宮城県沖にとどまることはなく、巨大なものとなることまで予測されてはいなかった。

福島県沖は地震活動が比較的低調で、知られている過去の地震は一九三八年に群発的に発生したマグニチュード七クラスの地震だけである。そのため、この地域のプレート境界は地震を発生させずに、普段からゆっくりとずれ動いていると見なされている。実際、近年観測精度が飛躍的に高まった海底地殻変動観測によると、二〇一一年の東北地方太平洋沖地震の前でも、福島県沖ではほとんど動きがなかったことがわかっている。この傾向は、地震から四年経過した今も同じである。

茨城県沖では、マグニチュード七程度の地震が頻繁に発生している。一九四三年の地震以降、一九六一年、一九六五年、一九八二年、二〇〇八年に地震が発生している。この地域もこれ以上大きな地震の発生が知られておらず、プレート境界が普段からゆっくりとずれ動いていると考えられていた。

これらの地域を広く覆うように震源域となったのが二〇一一年の東北地方太平洋沖地震であった。地震のずれが始まった宮城県沖は、両隣の三陸沖中部や福島県沖のプレート境界が普段からゆっくりとずれ動いているため、次第にひずみが集中していく領域である。宮城県沖から始まったプレート境界の急激なずれは、普段はゆっくりとずれ動いていた三陸沖中部や福島・茨城沖にまで拡大した。変形速度が遅いときには流れるように変形できても早い変形には追随できないで急激に破壊してしまうという物質の性質が反映したのだろう。

このように地域性を持ちながらも、比較的小さな地震から超巨大地震までを発生させているのが日本海溝である。

南海トラフ地震の発生様式

一方、南海トラフでは、普段の地震活動が非常に低調であるものの、一〇〇年から一五〇年ごとにマグニチュード八クラスの巨大地震が発生している。しかし、プレート境界で発生したマグニチュード七クラスの地震は少ない。図2-1を再び見てみよう。一九四五年以降で調べてみると、南海トラフ沿いで発生したマグニチュード七クラスの地震は三つしかない。一つは、一九四八年四月一八日に発生したマグニチュード七・〇の地震。時期的に見て一九四四年の東南海地震か、一九四六年の南海地震の余震であろう。あとの二つは、二〇〇四年九月五日に三重県南東沖で相次いで発生した地震である。最初の地震は夕方一九時過ぎに発生したマグニチュード七・一の地震、もうひとつは日付の変わる直前の二三時五七分に発生したマグニチュード七・四の地震である。

余談であるが、この地震が発生した日は日曜日であり、当時東京大学地震研究所に単身赴任していた筆者は、名古屋市の自宅に戻っていた。部屋でくつろいでいるときに最初の地震の揺れを感じた。そこで様子を見に名古屋大学に出かけて行った。このようなときには大学の地震火山関連の研究センターでは職員が集まってデータ解析や他機関による解析結果などの情報収集を行い、どのような地震であったかを把握した上で緊急観測について相談をする。その結果、懸念されているプレート境界で発生した地震ではなく、トラフ軸付近のプレート内部で発生した地震であることがわかった。一段落ついて家に戻りほっとして休んでいると再び揺れを感じた。最初の地震よりは規模が大きく、気象庁は紀伊半島の沿岸や愛知県の太平洋岸に津波警報を出した。実際、潮岬の先端にある串本では〇・九メートルの津波を観測している。津波が発生したものの、この地震も心配したプレート境界面のずれによって発生するタイプの地震ではなかった。南海トラフ沿いで地震が発生しても、プレート境界面で発生するものは少ない。

もう少し規模の小さな地震でも、南海トラフ沿いで有感地震が発生すると巨大地震との関連が注目される。二〇〇九年八月一一日に駿河湾で発生したマグニチュード六・五の地震もそのような地震であった。この地震は早朝五時七分に発生したものである。揺れで目覚めた筆者は、携帯電話に自動的に送られてきたメールを確認した。すると駿河湾が震源である。驚いて気象庁や防災科学技術研究所の震源やメカニズム(断層のずれ)の速報を調べると、プレート境界面がずれて発生した地震ではなくプレートの内部で発生した地震であることがわかり、ほっとした。

このように、南海トラフでは普段のプレート境界面の地震活動は非常に静かで、いきなり巨大地震が発生するという特徴のある場所なのである。その理由はプレート境界の固着の特徴にあるようだ。ＧＮＳＳのデータを用いた解析によると、南海トラフ沿いのプレート境界はほぼ全面にわたって、かなり均一にべったりと固着していることがわかっている。そのため、普段はプレート境界面の上盤の地殻がフィリピン海プレートとガッチリくっついて陸側に押し込まれていて、ずれるときには一気に巨大地震にまで成長してしまうと考えることができる。

自然条件の違い

東北地方と南海トラフ沿いの地域の自然条件の違いを、揺れに関する違いと津波に関する違いに分けてそれぞれ見てみる。

地震による揺れの強さは、おもに二つの条件によって決まる。ひとつは震源域との距離、もうひとつは地盤などの地下構造である。ここでは、そのうち両地域の差として顕著な震源域との距離について説明しよう。

まず、「震源との距離」とせずに「震源域との距離」としたのには理由がある。地震のマグニチュードが大きくなると地震時にずれ動く断層の面積が大きくなる。「震源」というと、テレビなどで地図上に×印で表示されるのを思い浮かべて、その×印から地震波が周囲に拡がっていくと考える人が多いと思う。震源とは、断層が最初にずれ動き始めた場所である。小さいマグニチュードの地震であれば断層の面積も小さいので、×印で表現してもほとんど問題はない。しかし、マグニチュードが大きくなれば断層の面積も大きくなる。巨大地震の場合、地震波は断層面の全体から放出されるため、「震源域」という捉え方が必要なのである。

東北地方太平洋沖地震は、マグニチュード九・〇であった。序章で述べたマグニチュードと断層の大きさとの関係を適用すると、マグニチュード九の地震は三〇〇キロメートル四方の断層面で平均のずれが一〇メートルになる。実際には、東北地方太平洋沖地震の震源域はおおむね南北五〇〇キロメートルで東西二〇〇キロメートルであった。正方形ではなく、長方形となっている。前掲図0-2で見たように、これは震源域が拡大する領域として東西方向に限界があるからである。東側はプレートが沈み込み始める日本海溝が限界となる。西側は、温度が上昇して急激なずれを起こしにくくなる深さが限界となる。深さにして五〇キロメートルで、太平洋側の海岸線付近にある。東北地方太平洋沖地震で、非常に広い範囲が強い揺れに見舞われたのは、震源域が南北五〇〇キロメートルにもなったからである。岩手県から茨城県にかけて震度六強を記録した。新幹線で走っても二時間以上かかる距離である。

一方、南海トラフで発生する巨大地震の揺れは、最大で伊豆半島の付け根の駿河湾から四国

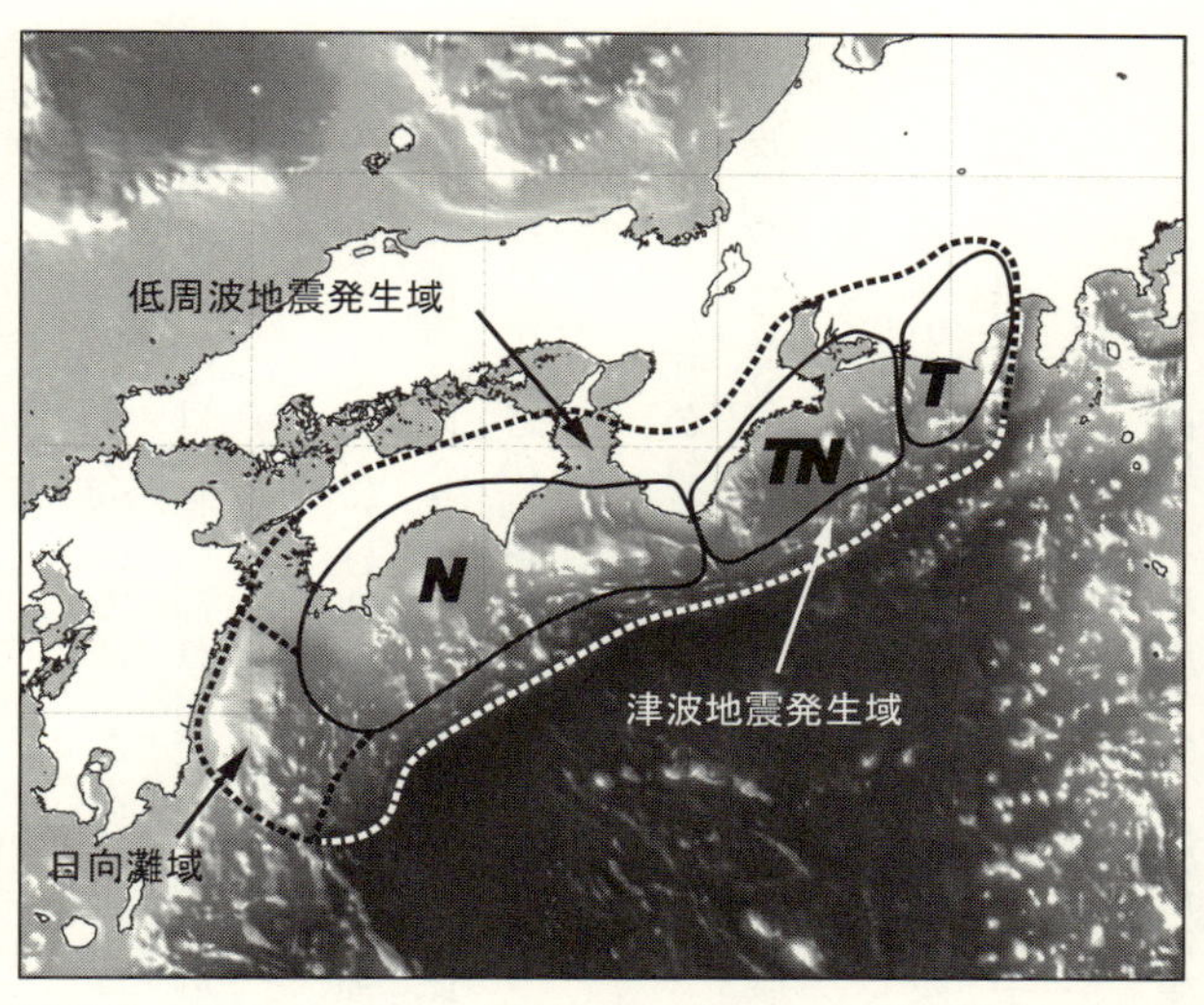

図 2-3　南海トラフ沿いの巨大地震の震源域．東海地震(T)，東南海地震(TN)，南海地震(N)の震源域とされる領域に，津波地震発生域，低周波地震発生域，日向灘域が加えられ，南海トラフの最大クラスの地震の想定震源域とされた(破線の領域)．

沖を通って日向灘にまで達する可能性が指摘されている。その場合の震源域の大きさは、トラフに沿った距離で七〇〇キロメートル、トラフに直角の方向に約一〇〇キロメートルである(図2-3)。東北地方の日本海溝沿いと同様、トラフと直角の方向には限界がある。海側(南側)はトラフ軸であるが、陸側は深さ三〇キロメートル程度と考えられている。東北地方と比較して浅いのは、沈み込むプレートの年齢(海嶺でプレートが生産されてからの時間)が若く、温度が高いため、深く沈み込む前に地震を発生させる能力がなくなるからである。

しかし、南海トラフ沿いでは、この三〇キロメートルの深さの場所がすでに陸の下になっている。東北地方では、強い揺れを発生する領域の西端がやっと海岸線付近であり、深さも五〇キロメートルと深い。つまり、陸地と震源域との距離は、南海トラフのほうが東北地方よりも近いのである。その分だけ地震の際の揺れが強くなる。東北地方太平洋沖地震では、津波による圧倒的な被害に比べると揺れによる被害は比較的少なく、仙台では一九七八年の宮城県沖地震よりも揺れが小さかった。しかし、南海トラフでは、津波に加えて揺れも強いと予想される。東北地方太平洋沖地震の津波の被害を見て津波対策ばかりに気をとられていると、揺れの対策がおろそかになりかねない。

津波についても、揺れの場合と同様、震源域と陸地との距離が重要な要素となる。それは、地震が発生してから津波が海岸に到達するまでの時間に関係する。東北地方太平洋沖地震の場合には震源域が陸地から離れていたため、津波の第一波が到達するまでに時間があった。気象庁の記録で津波到達が最も早かった地点は岩手県の釜石で、最初のピークが一五時一一分であった。地震が発生してから約三〇分後である。釜石に最大波高の津波が到達したのは、その一〇分後であった。福島県の相馬では、最初の津波のピークが到達したのが一五時三二分であり、地震発生から五〇分近く経過していた。このように、東北地方太平洋沖地震では、津波により大きく被災した地域でも、地震発生から津波が到達するまでに三〇分から一時間程度の余裕があった。

一方、南海トラフで発生する巨大地震の場合には、時間的余裕がない。内閣府が推定した最大クラスの地震による津波の第一波が到達するまでの時間は、最悪のケースで、駿河湾沿岸の地震発生から三分である。駿河湾から日向灘の南海トラフ全域が一度にずれて地震が発生する場合、ずれ始めからずれ終わりまでに五分以上の時間がかかる。ということは、日向灘にまでプレート境界のずれが達する前に、駿河湾沿岸に津波が到達することになる。揺れが続いている最中に津波もやってくる。また、駿河湾以外の地域でも概ね地震発生から二〇分後には津波が到達する。時間的余裕は極めて少ない。

社会的条件の違い

大きな地震が発生してもそれだけで災害につながるわけではない。人間社会の側が揺れや津波に対してどの程度被害を受けやすいか（**脆弱性**(ぜいじゃくせい)）によっても災害の程度が異なる。例えば、同じ揺れであっても、建物の耐震性によって被害が異なる。耐震性があっても家具の固定をしていなければケガをする危険性が増す。

社会的条件の最大の違いは、何と言っても人口と産業の規模であろう。東北地方太平洋沖地震で直接の被害を受けたおもな県は、青森県、岩手県、宮城県、福島県、茨城県といった太平洋側の県である。これらの県の人口を合計すると、約九八〇〇万人である(平成二五年度、総務省統計局まとめ)。

一方、南海トラフの巨大地震で大きな津波被害を受ける可能性のある太平洋沿岸の県として、静岡県、愛知県、三重県、和歌山県、大阪府、兵庫県、徳島県、高知県、愛媛県、大分県、宮崎県、鹿児島県の各県が想定されている。その人口を合計すると、約三五〇〇万人となる。

それぞれの県全体が被害を受けるわけではないし、実際に発生した被害と想定被害の違いもあるものの、人口の違いは大きい。東日本大震災では、九八〇万人を日本の残りの人口である一億一七〇〇万人が助けることになった。人口比では一対一二である。南海トラフ地震による災害では三五〇〇万人を残りの九二〇〇万人が助けることになる。人口比は二対五程度である。南海トラフの巨大地震が発生した場合、東北地方太平洋沖地震に比べ、圧倒的に助ける側の人口が少ない。

経済規模については、県別の総生産が総務省統計局によってまとめられている。東日本大震災が発生する前年の二〇一〇年の統計では、先の東北地方の太平洋岸の県内総生産額の合計が三四兆円であるのに対し、南海トラフの巨大地震で津波被害を受ける可能性のある府県の県内総生産の合計は一三六兆円である。地震災害による国全体の負担が圧倒的に大きくなる恐れがある。このことは、いったん被害を受けると回復までの時間が長くかかってしまう可能性があることを意味する。さらに被害は、いわゆる**太平洋ベルト地帯**と呼ばれる東西交通の要を直撃する。第二東名高速道路ができて地震への耐性は高まったものの、物流の滞りは避けられない。鉄道による旅客輸送も、南海トラフの巨大地震発生時に中央リニア新幹線ができていれば影響が緩和されるが、それでも旅客輸送能力の減少は避けられないだろう。

このように南海トラフの巨大地震による災害が発生した場合には、被災しなかった地域からの援助は東日本大震災に比べてかなり弱くなることは避けられない。地震対策を進め、地域内で助ける側にまわる人口を少しでも増やすことが是非とも必要である。東北の被災地の迅速な復興はその意味でも重要なのである。

都市への人口の集中度も南海トラフの巨大地震の影響を受ける地域の方が大きい。人口密度は、二〇一〇年の国勢調査報告書によると、静岡・浜松の都市圏では一平方キロメートルあたり五五〇人、名古屋を中心とした中京大都市圏では一二八八人、京阪神を含む近畿大都市圏では一四八四人である。それに対し、仙台大都市圏は三六三人であり、その差は歴然としている。大都市地域では、物流や旅客交通網の発達で、狭い地域に多くの人口を効率的に住まわせることができるようになっている。しかし、地震によって、効率性を追求した社会の仕組みが停止すると、一気に不便な社会に変化してしまう。しかも多くの人が住む平野部は、河川によって運ばれた堆積物がたまってできた土地で、住みやすい反面、地震時には揺れが増幅される。東北地方よりも西日本の方が人口密度の高い大都市が多い。南海トラフの巨大地震はこのような大都市を同時に襲う。都市型地震災害が同時多発するのも南海トラフ巨大地震の特徴である。

2　地震のシミュレーション

さて、ここでは少し視点を変えて、地震のメカニズムについて科学的に考えてみよう。自然現象のしくみを数式で表現できれば、コンピュータによる計算によって再現することができるはずである。簡単な例は、真空中の物体の運動である。空気抵抗がない真空中で物を投げると、ニュートンの運動方程式に従って動く。物を投げる方向と投げる速さ(初速度)が決まれば、あとは重力の作用に従って物は動く。ニュートンの運動方程式は微分方程式で記述されているため、微分方程式をコンピュータの中で表現し解くことができれば、物体の動きを計算することができる。

もう少し複雑な現象としては気象予測がある。現在の気象予測はスーパーコンピュータが用いられている。地球全体の大気層を規則正しく並んだ多数の格子点に分割し、それぞれの格子の位置における気圧・気温・風向風速などを、世界中の国で観測したデータをもとにコンピュータで計算する。そのためには、大気の流れを表す流体力学の微分方程式、海から水蒸気が発生したり、水蒸気が雨になることを表す方程式など、多くの方程式を扱う。気象庁では全地球を二〇キロメートルごとという細かい格子に区分して計算している。そのため膨大なメモリと高い計算能力を持ったスーパーコンピュータを用いている。このようにして現在では、気象の数値予測が行われ、その結果をもとに天気予報・警報等の発表がなされている。

地震発生についても同様に、支配する微分方程式がわかりさえすれば原理的にコンピュータの中で計算することが可能である。しかし、コンピュータによる数値計算にもとづいた地震の数値予報はいまだ研究途上であり、気象予測からは大きな遅れをとっている。地震発生の数値計算とは何か、またどんなところが難しいかを紹介しよう。

地震発生をコンピュータで再現する

地震をコンピュータで再現するためには、まず地震現象を支配する微分方程式を知る必要がある。それは大きく二つの方程式系からなる。一つは、地震を発生させる媒質である岩石のひずみと応力の関係を表す方程式で、もうひとつは地震の正体である断層運動をあらわす方程式である。

岩石のひずみと応力の関係を表す方程式としては、粘弾性の関係を用いることが多い。これは粘性と弾性の合わさった性質である。**粘性**とは、物体に力を加え続ければどこまでも変形する性質であり、物体に加える力と変形する速度が比例するように与えることが多い。具体的には、溶岩のように粘り気をもって流れる性質である。例えば、斜面を流れる溶岩には重力によって力がかかり続け、そのため溶岩はゆっくりとであるが変形をしながら斜面を流れ下っていく。粘性が大きければ、流れる速度が遅くなる。

一方、**弾性**とは、力を加えると変形し、力を取り去ると元の形に戻る性質である。力を加え続けても変形し続けることはない。物体に加える力と変形量(ひずみ)が比例する関係を用いることが多い。弾性の性質を持った身近な例はバネである。一般にバネの変形とバネにかかる力は比例するとして扱う。

このような粘性と弾性を併せ持つ性質を**粘弾性**という。粘弾性には様々な種類があるが、地震発生のシミュレーションに用いる粘弾性では物体に力を加えるとまず力に比例して変形すると考える。さらに力を加え続けると粘性の性質が顕著になり、力がかかる限り変形が続く。地下の岩石は非常に硬く、押してもまったく変形しないように見える。しかし、非常に精密なひずみセンサーを用いると、硬い岩石といえども変形を測定することができる。計算によると、岩石に一平方センチあたり一キログラムの力を加えると、割合にして一〇万分の一から一〇〇万分の一程度変形する。非常にわずかだが、岩石は変形するのである。岩石にはこうした弾性的な性質があるため、地球の内部を地震の波が伝わる。

岩石の粘性的性質は温度によって変化する。温度が高くなればより粘性的となり、岩石は流れやすくなる。地下深い場所ほど温度が高いため、岩石は粘性的な性質が大きくなる。日本列島の地殻でも、深さ約一五キロメートルよりも深い場所では粘性的な性質が顕著になる。地震が発生して断層がずれると、地殻の深部やマントルは時間をかけてじわじわと変形していく。

地震の発生は、岩石の中で起きる急激な破壊である。「急激な破壊」とは、実際にはある面に沿って岩石がずれ動く現象である。岩石にはもともと無数の細かい割れ目が存在し、それらはばらばらの方向を向いている。岩石に力がかかると、それらの割れ目のうち最も動きやすいものがずれ動く。これが地震であり、ずれ動いた面は断層面と呼ばれる。最初は小さな割れ目であっても、ずれ動くうちに徐々に成長し、大きな割れ目となることがある。割れ目がいったん大きくなってしまえば、そこが弱面となって繰り返しずれ動く。

摩擦の法則

このような面に沿ったずれ動きを支配するのが摩擦の法則である。もうひとつの方程式系、すなわち断層運動の方程式を表すのに必須の法則である。**摩擦**とは、固体と固体とが接触する面をずれ動きにくくする作用である。摩擦力は、通常、接触面に垂直にかかっている力(法線応力)に比例する。

摩擦力と聞くと、中学や高校の理科で勉強した静止摩擦、動摩擦などという言葉を思い出す人が多いだろう。机の上に載っている箱を動かすために横から力を加えたとき、加えた力が静止摩擦力を超えた場合に動き始めるとされる。箱が動いているときにも抵抗力が働き、その抵抗力を動摩擦力と呼ぶ。しかし、地震発生の計算においては、これら静止摩擦と動摩擦を別々に扱うのは煩雑であり、ひとつの方程式系で扱う摩擦法則を用いる。

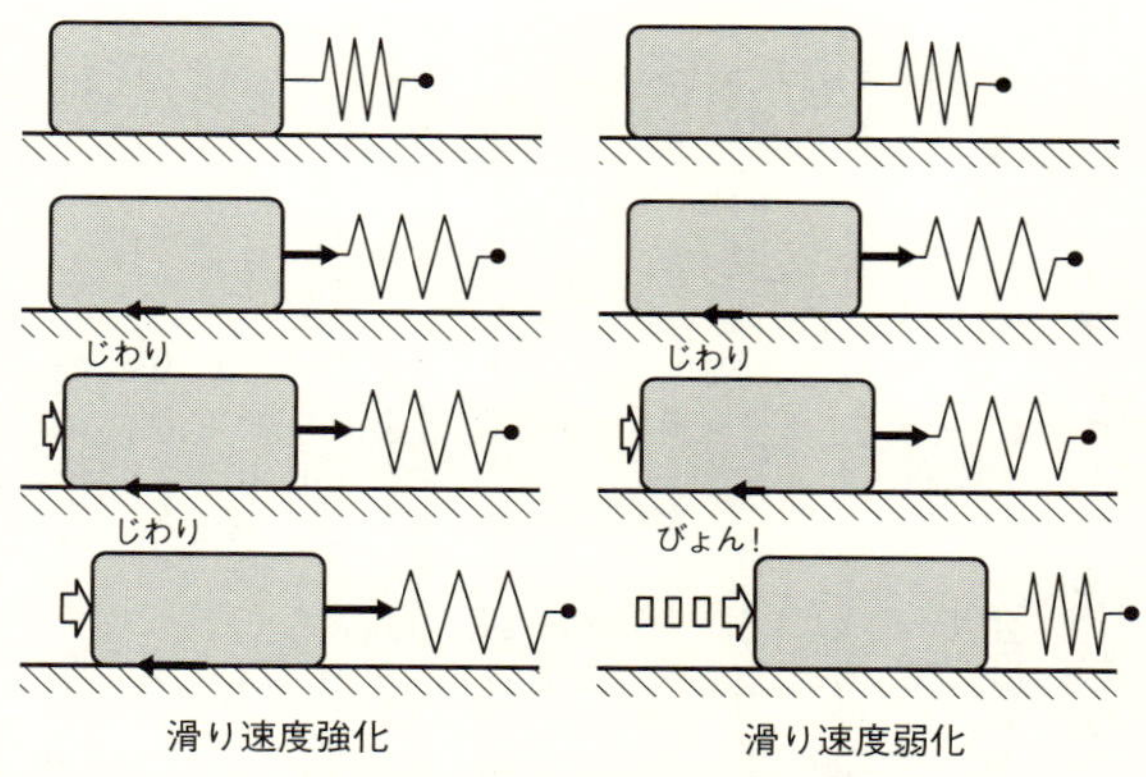

図 2–4　滑り速度強化と滑り速度弱化．滑り速度強化では，滑り速度の増加にともなって摩擦力も増加するため，じわりじわりと安定して滑る．それに対して滑り速度弱化では，滑りとともに摩擦力が小さくなるため急激に滑る．この「急激に滑る」現象が地震である．

現在最もよく用いられている摩擦法則は、「滑り速度と状態に依存する摩擦則」である。**滑り速度**とは断層面に沿ってずれ動く速度のことである。地震を扱う学問では伝統的に、「ずれ」とは呼ばず、「滑り」と呼んでいる。滑り速度の変化にともなって摩擦力も変化する。滑り速度が増加すると、同様に摩擦力も増加する場合もあれば、逆に減少する場合もある。滑り速度の増加にともなって摩擦力も増加する性質を**滑り速度強化**と呼ぶ。この場合は、摩擦力の増加が滑りを抑制することになり、滑りが「安定」する。この性質を持った場所では通常、地震を起こさない。一方、滑り速度が増加すると摩擦力が減少する性質を**滑り速度弱化**と呼ぶ。この性質があるところでは「滑りが不安定」になり、急激にずれ動いて地震を起こす(図2-4)。

滑り速度と状態に依存した摩擦則の「状態」とは断層面の状態であり、平たく言えば断層面を挟んだ岩石の接触の程度である。断層面を挟んだ両側の岩石は、言うまでもなく固体であり、そのため岩石が均等に接触することはありえない。強く接触する場所と弱く接触している場所とが必ず存在する。面全体の中で強く接触している部分の割合が大きくなればなるほど摩擦力は増大する。この接触の強弱の割合を「状態」と呼び、状態によって摩擦力が異なるとしている。実験で、二つの岩石を強く接触させておくと、接触させている時間が長くなればなるほど摩擦力が大きくなることがわかっている。これは面全体のうち、強く接触している部分が徐々に変形していき、相対的に強く接触する面積が拡がるためである。

「滑り速度と状態に依存する摩擦則」を表す方程式は、岩石を用いた様々な実験によって一九九〇年代に確立され、計算機の能力の進歩とともに地震発生のシミュレーションに用いられてきた。ただし、それによってすぐに地震の発生予測ができるわけではない。摩擦則の研究も一九九〇年代までに大きく発展してきたとはいえ、法則そのものが経験則であることに加え、そのパラメータについても空間分布の詳細は不明のままである。

プレート境界が大きくずれた場合にはそのパラメータを推定することが可能となるが、それには何度かの大地震の発生を待たなければならない。さらに、地震の発生は破壊現象であり、小さな破壊が周囲のひずみを増加させることによって次々に破壊が連鎖し、ついには大きな破壊に発展してしまうこともある。その発展の可能性は、周辺で発生した地震による応力変化や、過去に発生した地震の履歴による応力状態にも依存する。したがって、摩擦パラメータの空間分布がかなりよくわかったとしても、次の地震の時期や規模を確実に予測するためには、過去の地震でずれ動いた場所の正確な分布を知る必要がある。そのような不確実性を考慮して、シミュレーションを用いつつも、確率的に地震発生を予測する手法の開発も進められている。ただし、実用化にはまだ少し時間がかかるだろう。

最大クラスの地震モデル

内閣府による最大規模の震源モデルでは従来の東海・東南海・南海地震の震源域に加えて、トラフに近い部分として高い津波を発生させる領域と、陸側に近い領域が付け加えられた（前掲図２-３）。これは地震のシミュレーションの観点からは、どのように考えられるのだろうか。

従来の震源域とされていた領域は、摩擦の法則から見ると、滑り速度弱化の性質を持っている領域と見なすことができる。さらにプレート境界面に上部の地殻の荷重が重くのしかかり、摩擦力も大きくなる。摩擦力は、境界面にかかる荷重に比例するからである。そのため、摩擦力の支えられる限界でプレート境界が滑ると、勢いよく地殻が跳ね返り、強い震動が発生する。

トラフに近い部分として付け加えられた領域も、滑り速度弱化の性質を持っているとの考えが有力である。しかし、この領域ではプレート面が浅いために境界面より上部の地殻が薄く、耐えられる摩擦力は小さいと見なすことができる。またトラフに近いために、海底の堆積物が付加されてからの時間が短く、跳ね返る力を蓄えるには十分に固くなっていないと考えられる。そのため、この領域は従来、想定震源域に含まれなかった。けれども、勢いよく跳ね返ってきた従来の震源域から強く押されてしまえば、この領域もトラフ側に押し出されてしまい、その結果として津波を発生させる可能性がある。したがって、最大クラスの震源モデルにおいては、震源域として含まれることになった。

一方、従来の震源域の深部側は、スロースリップを発生させるものの、急激には滑らないとされている。摩擦の法則としてはやはり滑り速度弱化の領域ではあるが、耐えられる摩擦力が小さく、急激にはずれ動きにくいとされている。しかし、この領域だけが自発的にずれ動く場合にはゆっくりとした動きになるものの、隣接した従来の震源域が急激に動く場合には無理矢理動かされ、急激にずれ動くと考えることもできる。このあたりのしくみについては必ずしもよくわかっていないが、念のために最大クラスの震源域に含めることになった。

3　そのとき、何が起きるのか

南海トラフで巨大地震が発生したとき、大都市では何が起きるのだろうか。ここでは三大都市圏の中心都市である東京・名古屋・大阪について、政府や各自治体が発表した被害想定にもとづいて考えてみよう。

東京では何が起きるか

三つの都市のうち東京は南海トラフの巨大地震の震源から最も離れている。そのため震度で表現される揺れの強さは震度五強ほどである（図2−5）。二〇一一年の東北地方太平洋沖地震の東京における震度も最大で五強であったことから、南海トラフの巨大地震でも東京では同程度の揺れだろう。また、東京は入り口の狭い東京湾の奥に位置する都市であり、さらに南海トラフに対して伊豆半島の陰になるため、津波もさほど大きくなることはない。最悪のケースを

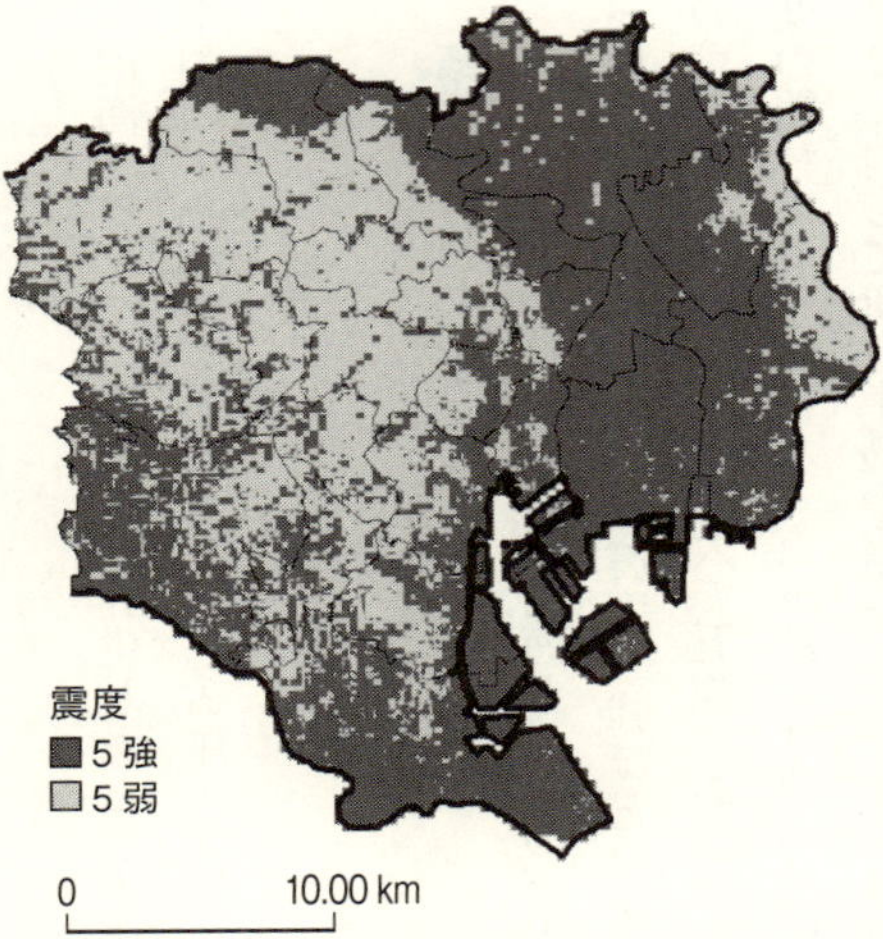

震度
5 強
5 弱
0　10.00 km

図 2-5　最大クラスの南海トラフ巨大地震による東京都区部の想定震度分布(東京都による). 震度5弱から5強が想定され, 地盤の軟らかい東部の揺れの方が大きいことがわかる.

想定しても浸水の影響は小さい。

その一方で、東京では**長周期地震動**と呼ばれる、ゆっくりとした振動の影響が懸念される。長周期地震動の大きさは、震度の数値では十分に表現できない。地震が巨大になればなるほど周期の長い震動のエネルギーは大きくなり、高層ビルや石油タンクなどの巨大な構造物に与える影響が無視できなくなる。長周期地震動は通常の揺れに比較して遠くまで減衰せずに伝わるため、震源から離れていても揺れは大きい。

このようなことをふまえて、東京で何が起きるかを考えてみる。

東京での震度は震度五強程度であることから判断すると、建物の倒壊などの大きな被害が出ることは少ないと考えられる。しかし、東京都内でも地盤によって揺れやすさが異なる。とくに、東部の隅田川・荒川沿いや、東京湾沿岸の低地や埋立地は、都内でも最も揺れやすい場所であり、細心の注意が必要である。東北地方太平洋沖地震の際にもあったように、老朽化や施工不良などにより強度が低下している建物が壊れることはあるかもしれない。油断は禁物である。

長周期地震動の影響は未知数である。東京は国内でも断トツに高層ビルが多い地域である。東日本大震災の際にも、都内の高層ビルが大きく揺れた。揺れの映像は動画投稿サイトで観ることができ、建物がゆっくりと揺れる様子が目に見える。南海トラフの巨大地震が発生した場合、東京における長周期地震動の振幅は東日本大震災時よりも大きいという試算もある。複数の方向から伝播してきた地震波の山と山、谷と谷が重なった場合には、さらに振幅が大きくなる。

このような地震波の干渉の影響がどこで顕著になるかを事前に予測するのは難しい。そんな中で、都内の高層ビルはどんどん増加しているため、干渉による大きな揺れの影響を受けるビルが出る可能性はどんどん高まっている。そうでなくても、高層ビルでは上層階の揺れが地表に比べて大きくなる。そのため、固定していない家具や書棚が倒れたり、重いコピー機などが部屋中を動き回ることになるかもしれない。対策をしておかないと大ケガの原因となる。

建物の被害が少なくても、交通への影響は大きい。東京では長距離の通勤・通学が普通である。出張・観光で全国から人が集まる。さらに最近では、仕事や観光で外国から訪れる人も多い。このように人の動きが多い都市で交通が止まった場合の影響は甚大である。通勤・通学の時間帯に地震が発生した場合には、電車の運行見合わせにより満員列車の車中に多くの人たちが閉じ込められる可能性がある。駅に停車することができればよいが、駅間に停車してしまう場合も考えられ、長時間動かないこともありうる。

昼間の時間帯であれば、朝夕の通勤・通学時間帯よりは電車本数が少ないため、電車の運行停止による直接的な影響は少ないだろう。しかし、電車の運行再開までに時間がかかる場合には、帰宅が困難になる。そのような場合には、徒歩で帰るのではなく、できるだけ会社や学校などにとどまり、場合によっては宿泊して運行再開を待つほうがよい。それに備えて、会社・学校では非常食など非常備蓄品を用意しておく必要がある。

東日本大震災のときには多くの人々が長い時間をかけて自宅まで歩いて帰った。しかし、あの日は、三月の天候の良い日であったことを忘れてはいけない。真夏だったら途中で脱水症状を起こす人が多く出たに違いない。雨が降れば傘がじゃまになって狭い歩道を歩くのも容易ではなくなる。大雪や台風の日に重なる場合もないとは言えない。地震は日を選ばないのである。

東京と地方を結ぶ交通網については、東北・北海道方面や西日本の空路は比較的早く再開されるであろう。落ち着いて運行再開を待てばよい。東海道新幹線は、入念な地震対策がなされているとはいえ、再開までに時間がかかることが予想される。成田空港への影響はなく、羽田空港への影響も少ないだろうから、海外との交通については比較的影響が少ない。

多くの人々が家にいる夜間に地震が発生した場合は、最も影響は少ない。翌日は、学校は休校にし、会社も必要人員以外の出勤を取りやめれば影響を最小限におさえることができる。インターネットによる在宅勤務の仕組みを予め作っておけば、さらに影響は少なくなるだろう。

このように短期的には東京への影響は限定的である。しかし長期的に考えると、西日本との物流の停滞の影響が出てくるかも知れない。さらに三大都市圏のうち名古屋と大阪の二つが地震の影響を大きく受けるため、東京はそのバックアップや援助に大きな働きをし、日本全体の経済的打撃を最小限に食い止める努力が求められることになる。

名古屋では何が起きるか

名古屋市は三大都市圏の中で南海トラフの巨大地震の影響を最も受ける都市である。政府の最大クラスの震源モデルにもとづいた震度では、市内のほとんどの地域で震度六弱以上となり、

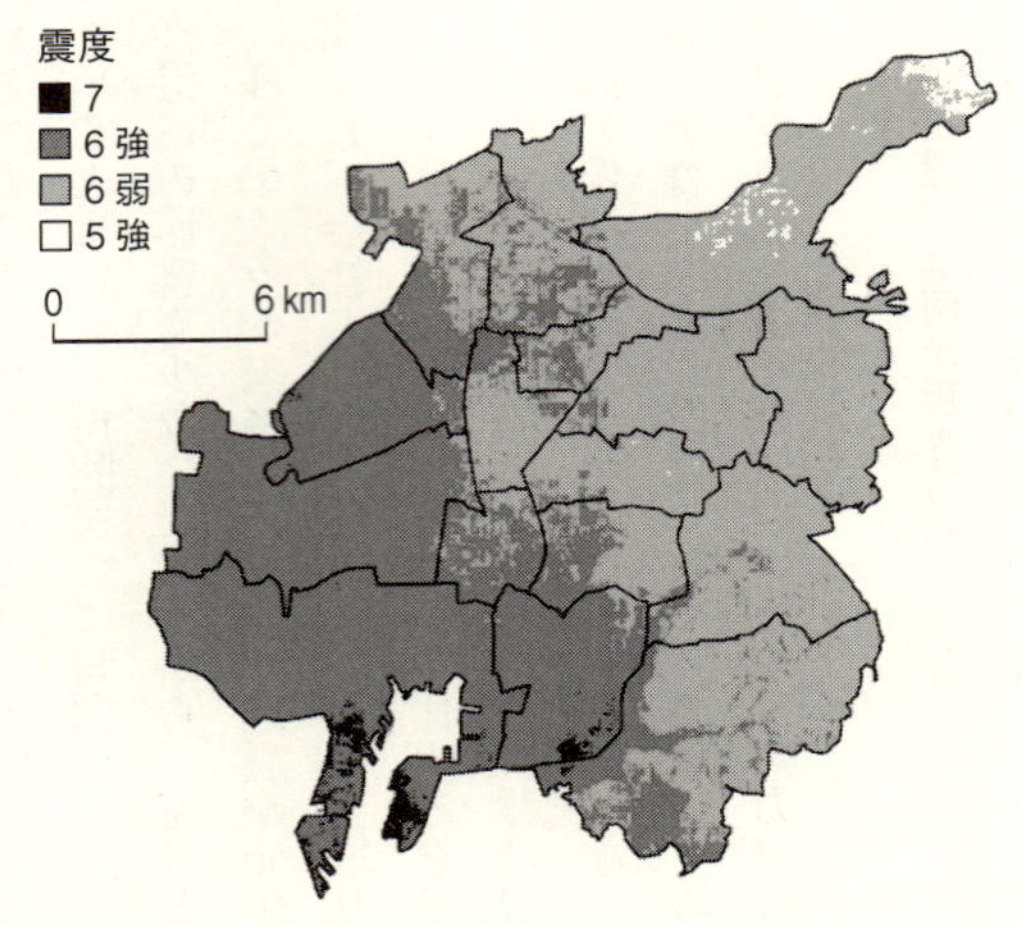

図2-6　最大クラスの南海トラフ巨大地震による名古屋市の想定震度分布(名古屋市による).

名古屋市西部・南部の揺れやすい地盤の地域では震度六強から七となっている。名古屋は東京よりも震源に近いため、地震による揺れが大きくなる。従来想定されていた東海・東南海・南海地震が連動した場合に、市内のほとんどで震度六弱以下となっていたことと比較し、震度階で一段階強くなっている(図2-6)。揺れにともなう液状化の可能性は、やはり地盤の軟弱な市の西部・南部で大きくなっている。津波については、名古屋市は、東京湾と同様に入り口の狭い伊勢湾の奥にあるため、影響は比較的小さいだろう。地震発生後、津波が名古屋港に到着するまでに約一時間四〇分程度かかるとされている。ただし、名古屋市のある濃尾平野はゼロメートル地帯が拡がっており、そのような場所では、地震の揺れによって堤防が破壊されると、ただちに浸水が始まることを忘れてはいけない。

このようなことをふまえ、二〇一四年に名古屋市と愛知県が発表した被害想定を参考に、名古屋市で何が起きるかを考えてみよう。両被害想定ともに、内閣府が作成した最大クラスの震源モデルに加え、過去に発生した地震を参考にした震源モデル（過去地震モデル）も用いている。

名古屋市では震源に近いため、大きな揺れが襲い、その結果として建物の倒壊が予想される。名古屋市のある愛知県も耐震化が進んできたとはいえ、まだ二割弱の建物が耐震化されないまま残っている。また名古屋市は、戦後大きな地震の揺れを経験していない。名古屋地方気象台で戦後記録された最大震度は四である。このように名古屋市では、耐震化されていない建物が相当数残っている上、強い揺れを経験していないため、老朽化などによる思わぬ建物の倒壊も懸念される。

名古屋市の想定では、地震や火災などで全壊する建物が最大クラスの地震の最悪のケースで六万六〇〇〇棟、過去の地震から想定した地震でも一万棟以上である。名古屋市の世帯数は約一〇〇万世帯であることを考えると、無視できない数である。仮に震災後に仮設住宅が六万棟必要とすると、作ってから撤去まで一棟あたり五〇〇万円かかるため、全部で三〇〇〇億円かかる。名古屋市の一年間の歳入が約一兆円であるから、これはその三割に相当する。死者数は最大クラスの地震の場合、最大六七〇〇人で、名古屋市の人口である二三〇万人の〇・三％である。これは阪神・淡路大震災の時の神戸市の死亡者の率と同程度である。

このような地震による直接的な被害を逃れたとしても、ライフラインや交通の停止による生活困難が待ち構えている。ライフラインとは上下水道、電力、通信(固定電話と携帯電話)、ガス(都市ガスとLPガス)等の都市で生活をする上での必須のインフラである。名古屋市の発表した南海トラフ地震の被害想定では、過去地震モデルを想定した場合のライフラインや交通の障害状況についてまとめてある。

それによると、地震が起きた直後には、市内の九割で電力と固定電話が不通となり、復旧するまでには数日から一週間ほどかかる。携帯電話やインターネットが発達した現在においては固定電話の必要性は減少しているものの、電力はわれわれの活動を支える最も重要なエネルギー源である。そのため電力が停止すると、さまざまな困難が発生する。照明がつかない、エアコンが働かないといったことから始まり、テレビやインターネットなど情報収集に欠かせないツールが機能停止する。ノートパソコンはバッテリーを内蔵しているため、しばらく稼働するものの、インターネットルータはACの電力が必要であるため、ネットがつながらない。

電力は水道にも影響を与える。断水にならなかったとしても、電力が停止するとマンションなどポンプを用いて水を各部屋に供給している建物は水が出なくなる。かつては、屋上に貯水槽を備えている建物が多かったが、屋上に重いものを置くことが耐震性に悪影響を及ぼすことから最近は屋上貯水槽が減っている。その代わり、ポンプで上層階に直接水を供給しているが、停電によってポンプが停止すると断水してしまう。ガス給湯についても、給湯装置はＡＣ電源を用いてコントロールされており、ガス供給が停止していなくても停電により使用できなくなる。

ＡＣ電源が使えなくなったときの情報通信は、携帯電話やスマートフォンに頼ることになる。地震直後には携帯電話会社によって九割程度の通話制限をしているものの、電話会社が提供する非常用災害伝言板などのサービスを用いるための通信機能は保持されている。また、携帯メールも比較的つながりやすいとされている。東日本大震災では、ツイッターなどのＳＮＳも用いられ、安否確認などの連絡に有効利用された。この分野は日進月歩であり、将来の南海トラフの巨大地震が発生したときは、さらに有効なサービスが実現されているかもしれない。

しかし、それでも盲点となっていたのは、携帯電話の基地局の停電である。携帯電話やスマートフォンは電波で基地局とやりとりをして情報を伝える。その基地局の稼働にはやはり電力が必要である。各基地局はバックアップ用の電源を備えているが、停電が長引いて電池を使い尽くすと基地局機能が停止する。携帯電話・スマートフォンは地震発生直後よりも翌日以降の方が使えなくなる可能性があることを理解しておくとよい。

揺れの強い名古屋市では、交通機関への被害によって長期間交通網のマヒが続くことが予想される。名古屋市によると従来の想定の場合でも、鉄道が運行再開されるまでに一週間以上かかるとしている。名古屋市も、東京都同様に昼は周辺から多くの人が通勤してくる。愛知県内だけでなく、隣の三重県や岐阜県からの通勤・通学も多い。鉄道の速度も高速化し、名古屋のターミナルである名古屋駅までは、岐阜市からたったの二〇分であり、多くの通勤・通学者がいる。しかし、鉄道が止まると周辺から通勤・通学している人たちは帰宅が困難になってしまう。

東日本大震災の東京では大勢の帰宅困難者が発生したが、停電も発生せずに長時間歩き続けて帰宅できた。しかし、南海トラフの巨大地震のあとの名古屋周辺では、停電・断水のなかで帰宅困難になってしまう。とくに三重県に帰るためには、濃尾平野のゼロメートル地帯を横切らなければならない。ゼロメートル地帯が浸水した場合は排水に時間がかかり、なかなか自宅に戻れない事態になる可能性がある。

名古屋を中心とした愛知県は、日本の製造業の一大拠点である。自動車産業やその関連企業など日本の輸出を担う企業が多い。南海トラフの巨大地震が発生すると、停電による操業の停止に加え、強い揺れや液状化などによる工場の被害も発生する可能性がある。自動車に限らず、最近の工業製品は多くの部品を組み合わせて製造されているため、一つの部品が不足しても製品はでき上がらない。そのため近年では、企業が事業継続計画(ＢＣＰ)を策定して、部品の入手先を複数化するなどの対策をたてている。それでも道路の支障や、名古屋港などの港湾の被害が発生することによって物流が滞り、企業の生産が再開するまでに時間がかかることが予想される。

大阪では何が起きるか

大阪市も歴史的に南海トラフで発生した巨大地震による被害を受けてきた都市である。一八五四年に発生した安政の南海地震では、津波が大阪湾に押し寄せた。その時の様子は、中央防災会議の災害教訓の継承に関する専門調査会の報告にまとめられている。

それによると、安政の南海地震の被害は揺れによる建物被害よりは津波による被害の方が圧倒的に大きかったようである。地震発生後、大阪湾に到達した津波は、川を逆流して遡上していった。なかでも安治川・木津川やそれらにつながる堀江川・道頓堀川など、大阪の街中を廻らした堀川を遡上した津波は、度重なる余震を避けて多くの人が避難していた川中の船を直撃した。堀川に浮かべた船に人々が避難していたのは、余震の揺れによる恐怖を和らげ、建物の倒壊による被害を避けるためである。

地震発生直後は、余震の発生が最も活発である。また堀川を廻らせた地域は、もともと地盤が軟らかく揺れやすい地域と重なるため、揺れも大きかったはずである。安政の南海地震の発生から津波がやってくるまでには約二時間。船に「避難」するためには十分な時間があった。人々が船に避難してひと安心したところに、大阪湾から逆流してきた津波が襲ったのである。船は折り重なって流され、堀川にかかる多くの橋を破壊していった。記録によると死者は六〇〇人を超えたという。船に避難しなかった人たちの多くは、遡上しながら川からあふれ出してくる津波を見て恐怖を感じ、急いで後ろの上町台地に避難して難を逃れた。

このような歴史を頭に置きつつ、大阪府が発表した被害想定を見てみよう。南海トラフの巨大地震による揺れは、最大クラスの地震であっても震度六弱であり、名古屋市の揺れよりは震度階で一段階程度は小さい（図2-7）。実際、被害想定では大阪市の九つの区（人口合計九三万人）について計算を行っている。それによると、建物倒壊による死者は七〇人程度で、人口比にすると〇・〇〇七％となっている。これは名古屋市の想定死者数に比べると圧倒的に少なく、安政の南海地震において建物倒壊の災害が少なかったことと合致する。大阪市が被った過去の地震を気象庁の震度データベースで調べてみると、大阪市も名古屋市と同様、太平洋戦争終結後記録した最大の震度は四である。大阪府の耐震化率は八〇％程度であり、大阪市も名古屋市と同様、耐震性の不十分な建物がまだまだ残っている。

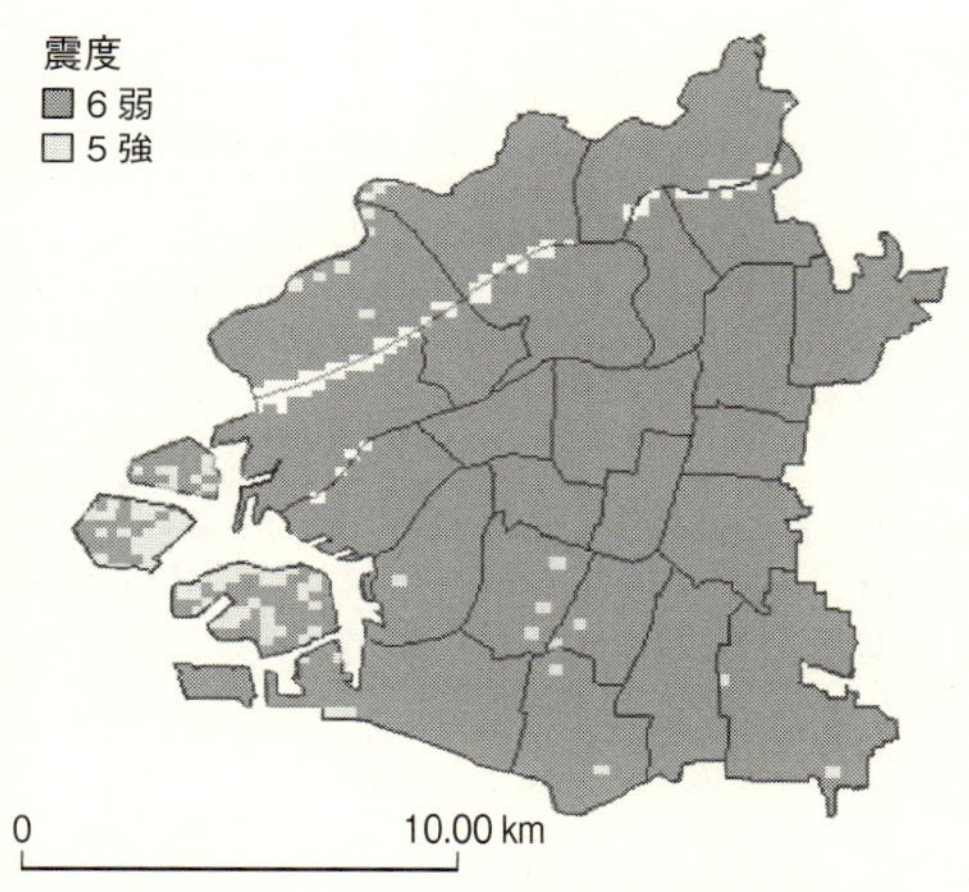

図 2-7　最大クラスの南海トラフ巨大地震による大阪市の想定震度分布(大阪府による).

一方、津波となると大阪における被害の様相はずいぶん変わる。大阪府の発表した津波浸水想定図を見ると、此花区で四メートルを超える浸水深が想定されている場所がある。此花区には有名なテーマパークがある。浸水想定によると、このテーマパークの場所はほとんど浸水しないことになっていて、津波に対しては適切な避難場所となるようである。ただし、テーマパーク周辺はすべて浸水すると想定されており、テーマパークで南海トラフの巨大地震に遭遇したとしても、むやみに帰宅を急ぐことはかえって命取りになる可能性がある。

大阪では地震発生から津波が来るまでに一時間半から二時間程度かかるとされている。帰宅に十分な時間があるように思うかも知れない。しかし、地震により電車は運行見合わせとなり、道路は自動車で大渋滞となる。揺れによる道路の損壊が渋滞に拍車をかける。渋滞に嫌気がさして道は歩行者であふれかえるかも知れない。そこへ津波による浸水が始まると大災害になる。安全な場所からはむやみに動かずに、津波をやり過ごすのが得策だろう。その際、津波は一度で終わらないことに十分留意しておく必要がある。

全国有数のターミナル駅である大阪駅・梅田駅も浸水域に含まれている。駅周辺には地下街が発達し、地下鉄も接続している。大阪府の想定によると、この地域は一～二メートルの深さで浸水する。津波で押し寄せた海水が地下街に浸入する可能性もある。朝夕の時間帯には通勤・通学の人たちで大混雑になる場所に津波が押し寄せる。

ここでも重要なのは、揺れが大阪を襲ってから津波が押し寄せるまでに一時間半から二時間かかることである。揺れの強さは震度六弱が想定されている。耐震性の十分ある建物であれば被害は少ないだろうが、これは耐震性の不十分な建物では被害が予想される揺れの強さである。

本震に続いて余震が続くであろう。そうすると建物の中にいる人はどうしても外に避難してしまう。しかし、大勢の人が集まるターミナルでは建物から人が出てくるとそれだけで大混雑で、身動きが取れなくなってしまう。東日本大震災のときも、東京では建物から大勢の人が出てきて道路は大混雑になった。そんな中、比較的近い高台である上町台地へ歩こうと思っても普段より時間がかかり、その間に津波の浸水が始まってしまうかも知れない。

やはり、耐震性の十分な建物の内部にいる場合にはむやみに外に出ずに、建物内で家具などが倒れてこない安全な場所にとどまった方がよい。耐震性の低い建物にいた場合は、余震によるさらなる被害を避けるため、耐震性の高い建物の二階以上に避難するのがよいだろう。地下にいた場合には、揺れが収まったら落ち着いてまず地上に避難し、その後に耐震性の高い建物の二階以上に避難すべきである。

ただし、本当に津波による浸水があるかどうかについては、実際に地震が起きてみなければわからない。事前の想定よりも遅れて津波の浸水があるかも知れない。思い込みで安全と判断せず、状況が明らかになるまでに四〜五時間は、避難した場所にとどまった方がよい。

大阪においても心配なのは、長周期地震動である。東京ほどではないにせよ、大阪にもかなりの数の高層ビルがある。震源に近い分だけ、東京よりも長周期地震動が大きいことが予想される。長周期の地震動により高層ビルが大きく揺すられると、鉄骨や建物の壁材などがこすれてギーギーキーと音がし、内部にいるとかなり不安になる。建物が倒壊しないにしても、大きな揺れによる建物内の被害が心配される。揺れが大きいため、歩いて移動することも難しい。そこに固定していない家具が倒れかかってきたり、キャスターの固定していないコピー機がぶつかってきたりして、建物内の人たちに襲いかかる。やはり事前の対策が必要である。

以上、南海トラフの巨大地震が発生したとき、東京・名古屋・大阪で何が起きるかについて概観してきた。大都市には多くの人が住み、働いている。それぞれの地域に住んでいたり、働いている人はもちろん、自分には直接関わりがなくても大都市における地震被害の様相を知っておく必要がある。地震はいつ起こるかわからない。たまたま用事や出張があってこの三都市を訪れているときに地震が起きるかも知れない。まさかと思われる場所が津波の浸水を受けることもある。今いる場所はどんな被害を受ける可能性があるか。それを頭に入れておくことが生死を分けるかも知れない。

事前にハザードマップを入手しておくことも大事である。ハザードマップはそれぞれの自治体のホームページで閲覧やダウンロードが可能である。ぜひ見ておいてほしい。さらに、大都市で多くの人が集まる商業施設や観光施設などは、地元に不案内な人々の安全確保についてきちんと検討し、訓練をするとともに、安全策を公表してほしい。公表しない施設は地震時の安全に不安があるという風潮が常識となれば、否が応でも安全策を策定せざるをえなくなる。普段の大都市は便利でとても刺激に富む魅力的な場所である。むやみに恐れるのではなく、日頃からいざという時の安全を確保することが大事である。

＊図2-2の太平洋プレートの等深線は、Kita et al., EPSL, 2010, Nakajima and Hasegawa, GRL, 2006, Nakajima et al., JGR, 2009による。

第3章　津波、連動噴火、誘発地震

1　広域津波災害

南海トラフの巨大地震は、フィリピン海プレートが南海トラフから日本列島の下に沈み込んで発生する地震である。震源域が海にあるため、津波を引き起こす。南海トラフ沿いのフィリピン海プレートは一年あたり平均すると五センチメートルほどの速さで日本列島の下に沈み込んでいる。その際に沈み込むプレートの上に載っている日本列島の地殻も陸側に押し込んでいく。地震が発生するときには、押し込まれた地殻が反発して一気に元に戻る。地殻は上に載っている海水を動かし、津波となって沿岸を襲うのである。とくにトラフ軸付近まで反発すると海底が大きく隆起し、高い津波を発生させてしまう。

このように、地震の際に海底が大きく動いた場所で津波が発生するので、広い範囲の海底が大きく動くと、それに応じて広い範囲に津波が襲う。南海トラフでは巨大地震が発生すると、最悪のケースとして、駿河湾から日向灘までが連動するとされている。この場合、関東から九州にかけての太平洋岸に高い津波が押し寄せる。とくに、静岡県から宮崎県までの太平洋岸の被害は甚大なもので、広域津波災害に発展する。

さらに二〇一一年の東北地方太平洋沖地震と比べ、地震発生から津波が海岸に到達するまでの時間が短い。静岡県から高知県までの外海沿岸の多くの場所では、津波到達まで一〇分もない。とくに駿河湾沿岸、紀伊半島、高知県などでは、一メートルの津波が到達するまでに三分もかからないとされている場所がある。こうなると、地震で揺れている間に避難を開始する必要があるし、ひょっとしたらそれでも間に合わないかも知れない。

津波が海岸沿いの街を壊滅させていく様子は、二〇一一年の東北地方太平洋沖地震のときに撮影された多くの映像で明白になった。それまでにも津波は日本だけでなく太平洋沿岸の国々を何度も襲い、被害の状況は報告されていた。一九九三年の北海道南西沖地震で津波により大きな被害を受けた奥尻島では、死者・行方不明を合わせて二〇〇名あまりであった。とくに島南部の青苗地区は、津波でほとんどの家が倒壊した上に火災に見舞われた。しかし、津波襲来が夜間であったため、映像として残されたのは津波が去った後、多くの家が流され、あるいは焼失した後の映像であった。津波がどのように建物を破壊したかは想像するしかなかった。

津波が街を襲う様子が動画として多く残されたのは、二〇〇四年のスマトラ島沖巨大地震によって発生した津波が初めてであった。手ごろな価格の小型のビデオカメラが開発され、多くの人がビデオカメラを所持するようになったため、一般の観光客による映像が多く残された。映像はメディアで何度も放映された。筆者も、それらの映像を見て初めて、津波の脅威を具体的に理解した。それまでは、「津波は通常の波浪に対して波長(波の隣り合う山の間の距離)が長い波である」という説明を受けてはいたが、津波が海岸に到達すると一体どのように振る舞うかを直感的に理解できていなかった。しかし、スマトラ島沖巨大地震津波の映像は、海岸から内陸に向かって押し寄せる大量の海水の流れを映し出していた。

通常の波の場合、高い波の山のすぐ後に深い波の谷が来るために、海水が押し寄せてもすぐに引く。しかし、津波は高い波の山が来てから深い波の谷が来るまでの時間が非常に長い。つまり、海岸で海水位が高い状態が長時間続く。そのため、内陸にどんどん海水が入ってくる。海水は、強い流れとなって押し寄せ、家を壊し、人を流してしまう。しかし、じきに波の深い谷がやってきて、これも長い時間続くため、今度は壊した家の残骸や流した人々を海へ連れ去ってしまう(図3-1)。このようなイメージが、映像を見て初めて理解できた。

ところが、スマトラの津波の映像もそのうちにメディアで流れなくなっていった。映像の使用料が高騰したためと聞いている。残念なことである。貴重な映像は人類の共通の財産としていつでも見られる状態にしておきたい。

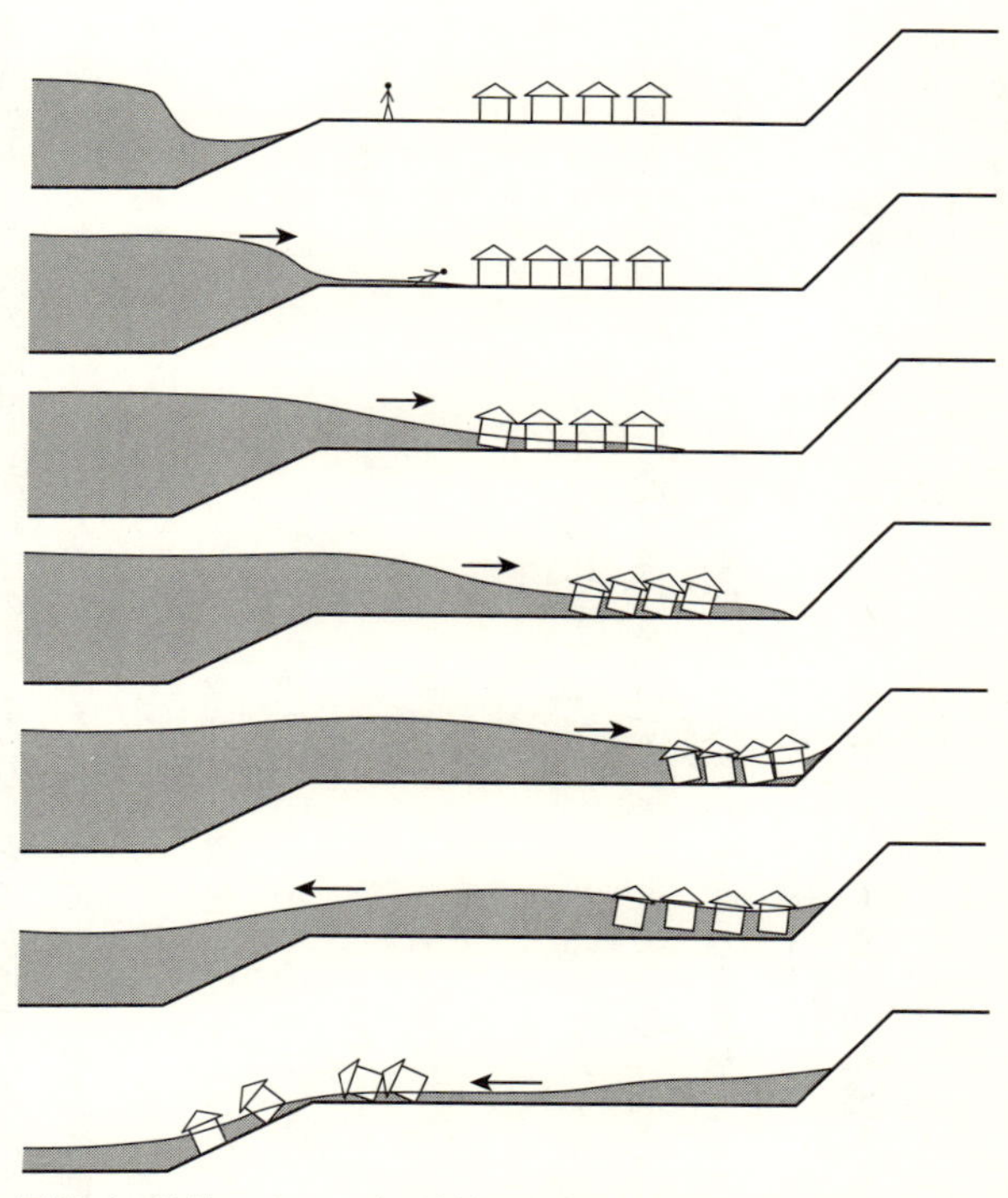

図 3-1　津波のイメージ．津波は海岸における潮位の上昇と下降の速度が非常に遅い．そのため内陸にまで海水が浸水する．

二〇一一年の津波が去った後の、東北地方の海岸沿いの街の姿は、呆然とするしかないものであった。しかし、その姿は初めて見たものではなく、一九九三年の北海道南西沖地震の奥尻島の写真だけでなく、一九四六年の昭和南海地震によって被災した街の写真、一九四四年の昭和東南海地震で被災した街の写真とそっくりであった。

津波が去った後の街は、がれきの山となり、どこが道だったかもわからなくなる。大きな漁船も陸へ打ち上げられ、鉄道の線路もひん曲がっている。過去に何度も繰り返されてきた津波災害は、将来もおそらく同様の災害をもたらすのであろう。その様相は、現在公表されている津波ハザードマップ、そのハザードマップで被害を受けるとされる街の現在の様子、それに二〇一一年の津波災害で膨大に残された映像を頭の中で冷静に重ね合わせることによって想像することができる。

三〇センチと二メートル

津波ハザードマップを見るにあたって気をつけることがいくつかある。まず、津波は海岸での高さよりも、陸上での**浸水深**に着目すべきことである。例えば、海岸で一〇メートルの高さだと標高一〇メートル以下の場所がすべて浸水すると錯覚してしまう。確かに、海岸の水位がずっと一〇メートルで維持されれば、海抜一〇メートル以下の場所はすべて浸水してしまう。しかし、津波といえども波である。そのため、ある時間が過ぎれば水位は下がる。したがって、海岸からの距離や地形によって浸水する深さが異なる。それらを加味して計算したのが、陸上の浸水深である。

その浸水深について、よく覚えておくべき数値が二つある。一つは「三〇センチメートル（〇・三メートル）」。もうひとつは「二メートル」である。

三〇センチメートルとは、人が流される危険性のある深さである。三〇センチメートルというと膝下の深さであり、危険性を感じないかも知れない。しかし、陸上に浸入した津波には流れがともなう。深さ三〇センチメートルの強い流れは、人を押し動かすのに十分である。ものに掴まっていれば倒れないものの、掴まるものがない場合には、よろけたり倒れたりする深さである。いったん倒れてしまうと、からだ全体で流れを受けることになるため、さらに流されやすくなってしまう。そうしてより深い場所に流されていくと、もう助からない。

一方、二メートルとは、木造の住宅が被害を受ける目安である。木はコンクリートに比べて密度が低いため、木造住宅には鉄筋コンクリートの建物と比較して大きな浮力が働く。浸水深二メートルを超えると木造住宅が浮き上がり、津波で流されてしまう。ハザードマップで浸水深が二メートルを超える場所では、ほとんどの木造の住宅が流されてしまい、あとには基礎と鉄筋コンクリートの建物だけが残るという惨状になる。

無機的にただ色分けされただけのようにも見える津波ハザードマップだが、じつはこのようなことを示しているのである。

想定により変わるハザード

もうひとつ、津波ハザードマップで気をつけるべきことは、津波の予測は震源の想定に大きく影響されることである。津波の伝わる様子は、海底地形がわかれば、ほぼ正確に予測できる。海底地形は海上保安庁等により正確な地図が作られており、かなり詳細に明らかにされている。

しかし、津波を発生させる海底の地殻変動は、地震時の震源断層と、断層に沿ったずれの分布によって大きく異なる。震源断層については、過去に発生した地震に関する知見や、沈み込むプレート境界の形状などにもとづいて想定される。ただし、この想定は、あくまで仮定であって、地震発生時に必ずそのようになるとは限らない。実際、東北地方太平洋沖地震は、事前の津波ハザードマップに用いられていた震源の想定を超えてしまい、その結果、ハザードマップで示された浸水域よりも大幅に広い範囲が津波に襲われた。

南海トラフ地震ではそのようなことが起こらないように、内閣府が「最大クラス」の震源モデルを作成し、そのモデルに従った津波ハザードが計算されている。その結果、想定された津波は従来の想定よりもかなり大きいものとなり、自治体によっては対応に苦慮しているところも多い。そのため、過去に発生した地震にもとづいた比較的頻度の高い津波ハザードマップも計算し、目的ごとに両者を使い分けることが現実的な対応となっている。

しかし、南海トラフ沿いの地震が発生した直後には、それが最大クラスの地震かどうかの判断はつかない。最大クラスの地震では、プレート境界面がずれ始めてからずれ終わるまでに五分程度の時間がかかるからである。さらに地震発生後すぐに停電する可能性が高く、地震直後には津波に関する十分な情報を得るのが難しい。したがって、津波からの避難はつねに最大クラスを想定した最悪のケースを念頭に行うべきである。津波が収まるまで避難を続け、何事もなければ安全を確認して自宅に戻ればよい。地震発生直後の自己流の判断は命取りになる。

南海トラフ津波の特徴

南海トラフで発生する巨大地震は津波を引き起こす。発生する津波はプレート境界が地震時にどのように動いたかによって異なる。しかし、まず南海トラフで発生する巨大地震による津波の共通性を理解しておこう。

南海トラフの地震は、東北地方太平洋沖の巨大地震に比較して陸に近い場所が震源域となる。そのため、第2章で述べたように、津波が海岸に到達するまでの時間が短い。到達する津波の高さは、外海と湾内では異なる。南海トラフ沿いの海岸は、太平洋に直接面した地域と、入り口が狭い湾内に分けられる。太平洋に直接面した海岸には、海底の地殻変動によって引き起こされた高い津波が直接到達する。一方、伊勢湾、大阪湾、それに瀬戸内海のように外海からの入り口が狭い湾内には津波が入り込みにくい。伊勢湾は、渥美半島と志摩半島が防波堤の役割をして湾内に大きな津波が浸入するのを防いでいる。大阪湾や瀬戸内海は、淡路島が津波を防いで大きな津波が入りにくくなっている。さらに、湾内では水深が浅いため、津波の速さも遅くなる。

外海では、数分から二〇分ほどで津波が到達するのに対し、伊勢湾の奥では一時間ほど、大阪湾の奥では二時間ほどかかって津波が到達する。この傾向は、南海トラフの巨大地震の震源想定の違いによらず共通な傾向である。湾内では、最大クラスの巨大地震のように、トラフ沿いのプレート境界が大きく動くような場合であっても、津波の高さは外海に比べて相対的に小さい。これは南海トラフで発生する津波の波長が比較的短いためである。

静岡県の津波被害

次に、津波の浸水の特徴を各地で見てみよう。浸水も外洋に面した地域ほど影響が大きい。静岡県は、海岸線全体が外海沿いであるため、津波の被害が大きくなる。さらに、南海トラフ沿いの地域の中でも震源域に最も近いことから、津波到達までの時間的余裕がない。とくに駿河湾にはプレート境界が入り込み、駿河湾内が津波の波源となるため、伊豆半島の西側から御前崎にかけては注意が必要である。

伊豆半島の先端の下田では、最大三三メートルの津波が押し寄せるとされる。下田の中心街の浸水深は二メートルを優に超え、伊豆急下田の駅も含む広い範囲が被害を受けると予測されている。駿河湾の奥に位置する沼津でも、伊豆半島にかかる入り江内の集落を津波が襲う。駿河湾西側では、静岡市清水区あたりは広い範囲が浸水する。富士山とともに世界文化遺産に指定された三保半島も、静岡県の発表している津波ハザードマップによると、半島の先端につながる唯一の県道が津波の浸水地域に含まれている。観光シーズンで渋滞しているときに地震が起きたら、自動車を捨ててすぐに高台に避難する必要がある。

焼津から御前崎にかけても高い津波が押し寄せ、海岸沿いの平野に浸水域が拡がることが懸念されている。御前崎から西は、なめらかな海岸線で、海岸沿いに砂丘が発達しているが、高い津波はその砂丘を越え、広い範囲の市街地が浸水する場所もある。とくに、天竜川から浜名湖にかけては、内陸の広い範囲に浸水することが想定されている。

愛知県の津波被害

愛知県は、静岡県に比べると比較的津波の影響は少ない。それは、静岡・愛知県境付近から砂浜の発達が悪くなり、愛知県の太平洋沿いの地域の海岸はほとんど崖になっているからである。海岸に高い津波が押し寄せたとしても、内陸への影響はない。愛知県で大きな影響を受けるのは、渥美半島先端の伊良湖付近と、知多半島の南部である。知多半島南部は渥美半島と志摩半島の間の伊良湖水道から浸入した津波が直接押し寄せる。これらの地域は観光地でもあり、土地に不慣れな観光客が迅速に津波から避難できる対策が必要である。

国や県の想定で、市町村別の津波高は、その市町村で最高となる場所を示すことが多い。半島や岬をはさんで外洋と内海の両側に面した市町村では、外洋側の高い数値が代表として発表されることが多いので、注意が必要である。愛知県の豊橋市や三重県の鳥羽市がそのような例であり、その市における最大の津波高がすべての海岸線を襲うという誤解をしてはいけない。

三重県の津波被害

三重県は、伊勢湾の中か外かによって津波の被害が大きく異なる。伊勢湾内は比較的津波の高さが低い。ただ、明応の地震では現在の津市の港が大きな被害を受けたことがわかっており、また伊勢平野も広く浸水する可能性があるなど油断はできない。外海の被害が大きいのは、志摩半島から熊野市にかけてのリアス式海岸である。尾鷲市は、過去の南海トラフの巨大地震で繰り返し津波に襲われた記録がある。尾鷲市賀田の集落には昭和の津波と安政の津波の高さを示した表示が電柱に貼り付けてある（図3-2）。昭和の津波は平屋建ての屋根ほどの高さ、安政の津波は二階建ての高さに匹敵する。津波が去った後には、木造住宅が流されて基礎しか残されていない風景が拡がっていたのだろう。

図3-2　尾鷲市賀田地域の電柱に示された過去の津波高(2004年9月4日撮影).

和歌山県の津波被害

和歌山県は紀伊半島に沿って長い海岸線が太平洋に面している。新宮から本州最南端の潮岬をまわり和歌山市まで、海岸沿いに走る国道四二号線で二一六キロメートルの距離である。海岸線は海の近くにまで山が迫り、入江や河口などに形成された比較的狭い平地に人が住んでいる。津波の高さは、最大クラスの地震の場合、一〇メートルを超える。県南部は二〇メートル近くの津波が押し寄せる場所もある。和歌山県も震源に近いために津波が到達するまでの時間的余裕がない。

最初に到達する津波よりも後に来る津波の方が高いことがある。最大クラスの巨大地震の場合、トラフ軸までプレート境界のずれの領域が達する。そのためトラフに近い海底の地殻変動が非常に大きくなることが予想される。つまり、海岸から最も離れた場所における海底の地殻変動が最大になるため、後から来る津波の方が大きくなる。例えば、新宮市では、地震発生後、最初に来る津波は三メートルであるが、二八分後には一四メートルの津波が襲うとされている。最初の頃の津波の高さが低くても決して安心してはいけないことを表している。後から来る津波の方が大きくなる可能性は他の地域でも共通である。

大阪の津波被害

大阪の津波被害については前章でも述べた。大阪は名古屋と同様、湾の奥にあり、高い津波に直接襲われることはない。しかし、湾内に入ってきた津波はじわじわと潮位を増加させ、

図 3-3　五台山から眺めた高知市街(2014 年 8 月撮影).

川を遡る。大阪のような大都市では、地下鉄や地下街など、地下を利用した施設・設備が多く、川からあふれてきた津波がそうした地下施設を水浸しにすることも考えられる。震源から離れていても安心してはいけない。津波は地下街を通って広がる恐れがある。

四国の津波被害

徳島県は、鳴門以南が津波の影響を大きく受ける。徳島県の人口は吉野川沿いと那賀川河口に集中しており、徳島市、小松島市、阿南市は沿岸が津波の影響を受ける。ちなみに、吉野川はわが国第一級の活断層である中央構造線に沿って流れている川であり、徳島県は人口の多い都市がことごとく津波や地震の脅威にさらされており、十分に警戒しなければいけない県である。

高知県は、四国の中でも南海トラフの巨大地震による津波に最も警戒しなければいけない県である。県のほとんどの海岸線が太平洋の外海に面していて、直接津波が襲う。海岸での津波高は軒並み一〇メートルを超える。その上、震源域との距離が近いため、津波が押し寄せるまでの時間的余裕が少ない。さらに悪いことに、地震時の地殻変動によって高知県最大の都市である高知市の地盤が一メートルほど沈下する。この沈下は五年程度かけて徐々に回復するが、地震直後の沈下とその後の津波の影響をもろに受ける。

ハザードマップを見ると、最初は高知港の入り口から浸入した津波が、高知市の中心に流れる鏡川、久万川、国分川を遡上して市中が浸水する（図3-3）。さらに、最悪のケースでは、高知空港側から遡上した津波が東から高知市内に流れ込む。正面を注意していたら背後から津波に襲われる可能性もある。

愛媛県は、四国から西に細く突き出した佐田岬以南が津波の影響を大きく受ける。影響を受ける地域は愛南町、宇和島市、西予市、八幡浜市と伊方町の太平洋側である。この地域も海岸付近にまで山が迫り、入江や河口にできた平坦な土地に人が住んでいる。そのようなところに津波が押し寄せ、海岸近くでは浸水深がのきなみ五メートルを超え、場所によっては一〇メートルを超える場所もある。一方、佐田岬半島の瀬戸内海側は、相対的に津波高が低い。愛媛県では、八幡浜市や伊方町は太平洋側と瀬戸内海側の両方に面している。周知のように、伊方町の瀬戸内海側には伊方原発がある。津波の高さが相対的に低いとはいえ、油断禁物であることは言うまでもない。

九州での津波被害

内閣府が想定した南海トラフの巨大地震の最大クラスの震源モデルでは、日向灘までが震源域とされており、九州の太平洋沿岸へ押し寄せる津波が大きくなる。九州では、佐賀関半島から南の海岸に押し寄せる津波が高い。南海トラフや日向灘から押し寄せる津波は、佐田岬半島と佐賀関半島に阻まれて、それより北側には影響が及びにくい。佐賀関半島よりも南では、宮崎県だけでなく鹿児島県の東串良(ひがしくしら)まで、浸水深が海岸沿いの比較的広い範囲で五メートルを超える地域が続いている。

これらの地域では、入江や海岸線が直接太平洋に面している。そのため、南海トラフや日向灘で発生した津波が直接に押し寄せる。他の地域と同様、山が海岸線にまで迫った場所では、入り江や河口に発達した平地に津波が押し寄せる。比較的平地の広い宮崎平野では、川に沿って津波が遡上し、場所によっては五キロメートル上流でも津波による浸水が発生する可能性がある。鹿児島県の南の方にまで大きな津波が到達しないのは、単に、九州パラオ海嶺で震源の想定を止めたことが理由である。ただし、さらに南にまで震源域が広がるか否かは定かではない。

海抜ゼロメートル地帯の津波被害

南海トラフの巨大地震で懸念されるのが海抜ゼロメートル地帯の地震災害である。これは過去に経験のないタイプの地震災害である。

わが国の地震防災は、発生した地震災害を減らす対策が取られてきた。一九二三年の関東大震災では一〇万人以上の犠牲者のうち九割が大規模な火災による犠牲者であった。一九九五年の阪神・淡路大震災では、六五〇〇人近い犠牲者のほとんどが家屋の倒壊や家具の転倒による犠牲者であった。二〇一一年の東北地方太平洋沖地震では二万人近い死者・行方不明者の大部分が津波による犠牲者であった。

関東大震災の教訓は「ぐらっときたら火の始末」といった標語に現れ、地震火災の防止の必要性が国民の隅々にまで行き渡った。ガスのマイコンメータやストーブの自動消火装置などが整備され、近年では、揺れても急いで火の始末をする必要がなくなった。むしろ、急いでガスコンロの火を消しに行った結果、やかんの熱湯をかぶって火傷するなどの事故の懸念があり、

「ぐらっときたら身の安全」のように、揺れの中で自分の身を守ることが推奨されるようになった。阪神・淡路大震災の教訓は、家の耐震と家具の固定である。震災後、国を挙げて家屋の耐震化の促進が進められ、二〇〇八年時点では、住宅の約八割が耐震化されている。しかし、旧市街の密集地など高齢化が著しい地域での耐震化が遅れているなど、さらなる耐震化が必要である。東日本大震災では想定を超える津波災害の脅威が明らかになり、各地で津波想定が見直されるとともに津波対策が進められている。

このようにわが国では、過去に痛い目に遭った災害を減らすように努力がなされてきている。しかし、過去に経験のないタイプの災害は見過ごされがちである。それが、海抜ゼロメートル地帯の災害である。

海抜ゼロメートル地帯の地震災害とは、どのようなものだろうか。ゼロメートル地帯とは、満潮時の海水面よりも低い土地のことであり、堤防と排水設備がなくては維持できない地域のことである。全国では、関東平野、越後平野、濃尾平野、佐賀平野などに広く拡がっている。そのうち南海トラフの巨大地震の影響を受けるのは、濃尾平野の海抜ゼロメートル地帯である。この地域を守っている堤防が揺れにより破壊されると、すぐに浸水が始まる。

濃尾平野は伊勢湾の奥にあり、津波が伝わってくるまでには地震発生から一時間以上かかる。

図3-4　堤防が決壊し氾濫した鬼怒川．2015年9月10日．写真提供：読売新聞．

そのため、仮に堤防を越える高さの津波がやってくるにしても、避難するためには十分な時間があると思ってしまう。しかし、そうではない。地震の強い揺れによって堤防が壊れた場合には、地震発生後すぐに浸水が始まる。堤防の破壊は、揺れによって堤防の直下の地盤が液状化し、地盤が堤防の重さに耐えられなくなって堤防が沈んでしまうために発生する。ゼロメートル地帯は連続する堤防によって地域が守られている。そのため一カ所でも堤防が破れるとそこから水が浸入し、地域全体が水没する。いったん破れると、堤防内への水の流れのため堤防の内外の水位が一緒になるなどで、流れがゆるやかになるまで堤防を閉じる工事は行えない。堤防を閉じた後にポンプで排水を開始してやっと堤防内の水位を下げることができる。堤防が壊れたらどのような事態になるかは、二〇一五年九月の鬼怒川の水害を思い出せば想像がつくだろう(図3-4)。

このように、地震の強い揺れによる堤防破壊は深刻な影響を与える。この場合、最も考えたくないシナリオは、地震の揺れによって家屋が倒壊し、人が閉じ込められた場合のものである。阪神・淡路大震災では、倒壊家屋に閉じ込められた人々の多くは、家族や近隣の住民に助け出された。しかし、海抜ゼロメートル地帯で堤防が破れると、倒壊した家から助け出される前に浸水が始まってしまう。倒壊した家の中で溺死するという悲惨な事態もありうる。

愛知県は、南海トラフ地震の被害想定では海抜ゼロメートル地帯の堤防被害も考慮した。その結果は、濃尾平野の比較的大きな木曽川や庄内川のような河川よりも、ひと回り規模の小さい日光川流域での堤防破壊による浸水被害が深刻であることを示している。過去に起きたことのない災害を想定するには勇気が必要である。まずは愛知県の決断を評価したい。その上で、このような想定が現実のものとならないための対策が必要であろう。堤防の強化、土地のかさ上げなど、費用と時間のかかる対策を進めることと並び、倒壊した家屋に閉じ込められる事態を避けるために家屋の耐震化も必要である。

2　富士山の連動噴火

南海トラフで巨大地震が発生すると、連動して富士山が噴火する可能性が指摘されている。一七〇七年(宝永四年)に、南海トラフの地震史上最大の宝永地震が発生した四九日後に富士山が噴火している。そのときに現在の宝永火口ができ、当時の江戸にも火山灰を降らせた。来たるべき次の南海トラフ地震でも富士山は連動噴火するのか否か。世の中の関心は非常に高い。その可能性を検討する前に、まず火山としての富士山についておさらいをしておこう。

マグマと火山の形

富士山は、もちろん日本で最も高い山で、活発な火山活動で形成された火山である。活発である証拠は、そのきれいな形にある。火山は、噴火による山体の形成と、風雨による浸食によって地形が形成される。噴火による噴出物が積もることによってなめらかな地表が形成され、浸食によって深い沢や谷が形成されていく。富士山は周辺の山々の地形に比較して顕著になめらかな地形となっている(図3-5)。これは火山活動が活発な証拠である。

富士山は、おもに玄武岩質のマグマによって形成された火山である。マグマは、その含まれる化学成分によって玄武岩質マグマ、安山岩質マグマ、流紋岩質マグマに分類される。おもな化学成分の違いは二酸化ケイ素の含有量で、このうち玄武岩質のマグマが最も二酸化ケイ素の割合が少ない。この化学成分の違いによる最も大きな違いは、その流れやすさに現れる。玄武岩のマグマが最も流れやすく、流紋岩のマグマが最も流れにくい。例えばハワイ島は玄武岩を主体とする火山であり、なだらかな地形が特徴である。北海道の有珠山などの流紋岩質の火山

図3-5　富士山の地形図．国土地理院数値標高モデル10 m メッシュデータを用いてMATLABにより作図した．

は、ごつごつした地形が特徴である。

マグマに含まれる揮発性成分も、噴火には非常に重要な役割を果たす。マグマ中の揮発性成分のうち最も多いのは水で、そのほか二酸化炭素がある。これらの揮発性成分は、地下深くではマグマ中に溶けているが、マグマが上昇してくると圧力の減少によって気泡となる。マグマがさらに上昇すると、さらに圧力が下がって気泡は大きくなり、全体としてマグマの密度が下がって上昇速度が増加する。

流れやすい玄武岩質のマグマの場合には、火口から勢いよくマグマのしぶきを噴き上げたり、また気泡がマグマから分離して、さらさらと流れる溶岩になったりする。一方、流れにくい流紋岩質のマグマの場合には、上昇とともに徐々に大きくなっていく気泡が一気にマグマを粉々に破壊して、大量の火山灰を火口から噴き上げることがある。粉々にならずに火口にまでマグマが達したとしても、ちょっとした刺激で粉々に粉砕され、火山灰もろとも火山斜面を駆け下る。一九九一年に四〇人以上の犠牲者を出した雲仙普賢岳の**火砕流**がそれである。

富士山噴火の三つの特徴

富士山の火山活動として典型的なものを三つ挙げておこう。一つは大量のスコリアや火山灰を噴き上げる噴火。二つめは大量の溶岩を流す噴火。三つめは噴火ではないが、山体崩壊である。この三つを理解しておくと富士山の噴火はわかりやすい。

まず一つめの大量のスコリアや火山灰を噴き上げる噴火の例は、一七〇七年の宝永噴火である。富士山の宝永噴火は、一七〇七年一二月一六日に始まり、一七〇八年一月一日まで一六日間にわたって続いた。一〇月二八日に南海トラフ全域で発生した宝永地震の後、富士山付近では活発な群発地震が始まり、一日に一〇回から二〇回の有感地震が発生するようになっていた。その活動が一二月一五日の午後から活発になり、翌一六日の昼少し前に噴火が始まった。

噴火の場所は山頂ではなく、山頂火口から二キロメートルほど南南東に離れた、標高二六〇〇メートル付近である。この火口はのちに宝永火口と呼ばれる場所であるが、なめらかな山腹斜面に生まれた噴火口である。

最初は白っぽい軽石を噴き上げる噴火であった。白っぽい軽石は、明らかに玄武岩質ではない。富士山としては珍しいタイプの噴火の始まりであった。しかし、その日の夜には玄武岩質のマグマを噴き上げる噴火に移行した。噴き上げたマグマは空中で固まって周辺に降り注いだ。直径数センチメートルにもなる比較的大きな粒子は黒いスコリアとなって山腹や麓に降り注いだ。**スコリア**とは、簡単に言えば黒い軽石で、気泡を含んだ状態のまま固化した粒である。さ

図 3-6　貞観噴火による溶岩の概略分布．産業技術総合研究所「富士火山地質図(第二版)」をもとに作図．

らに細かい粒子は、遠く江戸にまで流されていき、火山灰として降り注いだ。火山灰とは、定義上直径二ミリメートル以下の粒子である。細かいために、長時間空気中を漂って風によって遠くまで流されやすい。宝永噴火の噴出物の体積は約七億立方メートル(〇・七立方キロメートル)と見積もられている。

二つめの特徴である大量に溶岩を流す噴火は、富士山では最も一般的なものである。歴史上有名な噴火は、八六四年から八六六年にかけて起きた**貞観の噴火**である。この噴火は富士山の北西山麓から噴火を起こして、大量(約一・三立方キロメートル)の溶岩を流した。宝永噴火と同様、山頂からの噴火ではない。火山はいつも山頂から噴火するわけではなく、しばしば山腹から噴火して溶岩を流したり、火山灰やスコリアを噴出することがある。貞観噴火では、標高一四〇〇メートル付近から北西に約五キロメートルにわたる領域に数カ所の火口が開き、そこから大量の溶岩が流れた（図3―6）。最も山頂に近い火口でも火口から九キロメートルも離れている。

最近の研究によれば、貞観噴火の火口は一列ではなく、途中でずれていることがわかってきた。しかし、それはマグマが上昇してくる際に地表付近で二手に分かれただけで、おそらく地中ではひと続きになっているに違いない。噴出した溶岩はゆっくりと北西方向に山腹を流れ下り、本栖湖（もとすこ）と、当時そこにあった「せの海（うみ）」と呼ばれる湖に流れ込んだ。せの海は二つに分断され、現在では西湖（さいこ）と精進湖になっている。また、玄武岩質の流れやすい溶岩は、薄く広く拡がって四〇平方キロメートルあまりの地面を覆ってしまった。溶岩噴出後一二〇〇年近くを経て、現在では**青木ヶ原樹海**と呼ばれる樹林となっている。

富士山では、この貞観噴火による溶岩以外にも何度も溶岩を噴出する噴火を繰り返してきた。その溶岩流を見ることのできる最も交通の便が良い場所は、ＪＲの三島駅であろう。三島駅は新幹線も停車する東海道の重要な駅である。その駅がじつは富士山の溶岩流の上に建設されていることは意外と知られていない。

この溶岩流は今から一万一〇〇〇年前の噴火によって噴出したものとされ、富士山の噴火史

の中では最大のものである。三島駅の新幹線口を出るロータリーがあるが、その左側(名古屋側)を見ると溶岩流の断面が見られる。おそらくロータリーを整備するときに削り取った断面であろう。さらに振り返って新幹線の高架沿いを歩くと、溶岩流の上に直接新幹線の高架が建設されている場所を見ることができる(図3-7)。堅固な溶岩は新幹線の基礎を支えることができるのであろう。

図3-7　JR三島駅近くに見られる富士山の溶岩.

これ以外にも、三島駅周辺ではあちこちに溶岩を見ることができる。三島駅の南側には交差点横に大きな溶岩があり、その上に木が生い茂っているところも見られる。さらに市内には随所に湧き水があり、それらは溶岩流の内部を流れてきた地下水が溶岩流の末端から湧き出したものである。溶岩はカチカチに固くて水を通さないように思われがちだが、固まった溶岩には割れ目が多く、地下水はその割れ目を通って移動する。三島駅の南西約二キロにある柿田川公園では、地図上では何もない場所からいきなり幅五〇メートルくらいの川が始まっており、大量の地下水が溶岩の中を通って流れてきたことがわかる。

三つめの特徴である**山体崩壊**は「岩屑（がんせつ）なだれ」とも呼ばれる。火山の成長過程でしばしば見られる現象である。岩屑なだれとは、火山が噴出物を積もらせて成長する過程で、何らかの原因で火山の斜面が不安定になり、大崩壊を起こす現象である。その原因とは、マグマ上昇による地殻変動であったり、地震による強い揺れであったりする。一九八〇年に発生した米国セントヘレンズ山の崩壊は流れにくい流紋岩質マグマが上昇して山腹に大きな地殻変動を起こし、近くで発生した地震の揺れによって一気に崩壊した現象であった。富士山では、二九〇〇年前に発生した**御殿場岩屑なだれ**がよく知られている。この岩屑なだれは富士山の東山腹で発生し、山裾に流れ下った。岩屑なだれで覆われた場所の面積は約一〇〇平方キロメートルという非常に広い範囲である。現在の御殿場市はこの堆積物の上にできた町である。

富士山は噴火するのか？

それでは、次の南海トラフの地震の際に富士山は噴火するのか否か。その問いに対して、現在の科学はどのように答えられるかを考えてみよう。

火山噴火の基本的な仕組みは、地下深部のマントル内で発生したマグマが火山直下の五〜一〇キロメートルで**マグマだまり**を形成し、その一部が地表に噴出する現象である。マグマだまりは、マグマの密度と周辺の岩盤の密度が等しい深さに形成される。岩盤の密度は浅いほど小さくなるため、マグマだまり内のマグマは何らかの原因でマグマ自身の密度が小さくならないと上昇を始めて噴火に至ることはない。多くの場合、マグマに含まれる二酸化炭素などの気体が泡になることによってマグマの密度は下がり、泡を含んだマグマが上昇するとされている。そのため、地震の発生によって火山が噴火するには、マグマだまりに十分にマグマが蓄積され、地震による刺激によってマグマ内の気泡の量が増える状態になっていることが必要である。

気泡を増やすためには、地殻変動によってマグマだまりの圧力を下げるか、震動によってマグマを揺するかのどちらかの方法がある。ビールやサイダーなどの炭酸飲料を思い浮かべるとよい。瓶ビールの栓を抜くと、ビールの中で一気に泡が発生する。これは栓を抜くことでビールの液体にかかっていた圧力が減少するためである。また、瓶やコップに入ったビールを勢いよく振ると一気に泡が発生する。これはビールに過剰に溶けていた二酸化炭素が揺れという刺激によって気泡になったからである。しかし、栓を開けて一日放っておいたビールでは、このように泡が発生することはない。よく言われる「気の抜けたビール」である。火山も同じである。実際、火山のマグマだまりも、一度噴火すると気の抜けたビール状態になってしまい、しばらくの間は噴火できなくなる。

つまり、南海トラフ地震の発生とともに富士山が噴火するには、富士山の地下にあるマグマだまりで噴火の準備が整っていることが必要条件となる。

それでは、今の富士山のマグマだまりでは噴火の準備が整っているのだろうか。それは、現在の観測では判断することが難しい。GNSSを用いた地殻変動観測により富士山が膨らみつつあるかどうかを知ることはできる。しかし、それをマグマだまりで噴火準備ができているかどうかの判断に用いる理論は今のところない。ただ、宝永噴火から約三〇〇年、富士山は沈黙を保っている。これは噴火の年代が知られている七八一年以降、二番目に長い沈黙である。富士山はすでに十分に噴火の準備を整えているのかも知れない。

仮に南海地震と連動して富士山が噴火した場合、その影響は非常に大きなものになる可能性がある。宝永型の噴火をした場合には、火山灰が東に流れ、関東地方に火山灰を降らせる。いったん降り積もった火山灰は、ダンプトラックなどで運び出すしかない厄介な代物である。屋根に積もった火山灰の上に雨が降ると水を含んで重くなり、場合によっては家屋を倒壊させたりする。斜面に積もった火山灰は、その後の大雨で泥流を発生させる可能性もあり、噴火後長期にわたって災害の発生要因にもなる。

富士山で最も頻度の高い溶岩流の場合には、噴火する場所によって影響が異なる。南側山腹で噴火すると、三島溶岩流のように太平洋に向かって流れ下り、最悪の場合、東海道の大動脈である新幹線や高速道路を破壊する可能性もある。また山腹から溶岩を噴出する噴火には、一般に直前に激しい群発地震活動や地殻変動が観測されることが期待されるが、どの程度の時間的余裕があるかはわからない。

富士山の山体が崩壊する岩屑なだれはもっと厄介であり、予測は困難である。事前に、山体に亀裂や変形が見られれば避難することも可能だが、突然の地震によって一気に崩壊するかも知れない。一九八四年に発生した御嶽山山腹の崩壊は、突然発生した長野県西部地震の強い震動によるものである。溶岩流の噴火に比べれば発生頻度は低いが、流れ下る速度が非常に速いため、いったん発生したら逃げられず、あきらめるしかない。おそらくこの山体崩壊が、南海トラフ地震との連動噴火で考えうる最悪のケースであろう。

3　追い打ちをかける誘発地震

南海トラフで巨大地震が発生すると、その後に日本列島の内陸における地震活動が一気に活発になることが考えられる。これは、それまで日本列島をゆっくり押していたプレートの力が抜け、地殻内部での力のかかり具合(応力状態)が変化して、場所によっては地震が発生しやすくなるからである。ここでは、南海トラフ地震の発生にともなって誘発される地震について考えてみよう。

活断層

まず、「場所によっては地震が発生しやすくなる」という持って回った言い方について解説をしたい。地震とは、地下の岩盤中の割れ目が急激にずれ動く(破壊する)現象であることがわかっている。地下の岩盤は完全無欠な岩石ではなく、岩盤中には大小さまざまな割れ目がある。そのような岩盤に外部から強い力がかかると、力のかかり具合に応じて、すでにある割れ目がずれ動いて地震を発生させる。そのような割れ目のうち、何度もずれを繰り返して大きく発達した割れ目が**活断層**と呼ばれるものになる。

割れ目のずれ動きは、第1章で述べた摩擦の法則によって理解できる。岩盤に外側から力がかかると、その力は岩盤の内部にまで伝わり、割れ目にも作用する。割れ目にかかる力の作用は、割れ目を閉じようとする力と、割れ目の面に沿って岩盤をずれ動かそうとする力に分解できる。割れ目に沿って岩盤をずれ動かそうとする力が、割れ目の面にかかる摩擦力を超えたときに割れ目がずれる。摩擦力は、割れ目を閉じようとする力に比例する。割れ目に沿って岩盤がずれやすくなるためには、割れ目を閉じる力が減るか、割れ目に沿ってずらす力が増えることが必要になる。したがって、岩盤の外部からかかる力が同じでも、割れ目の向きによってずれやすくなる場合もあれば、ずれにくくなる場合もある。

西日本で活発化する誘発地震

南海トラフ地震に関係して起きる日本列島内陸での地震については、いくつかの研究がある。例えば南海トラフと西日本の内陸で発生する地震との時間的前後関係について統計的に検討した研究により大変興味深いことが明らかになった。

まず、南海トラフ地震が発生したあと一〇年程度は、西日本の内陸全域で地震活動が活発化している(図3―8)。それに加え、南海トラフの地震に先立つ数十年間は、西日本のうち、とくに近畿地方での地震活動が活発化する傾向が認められる。

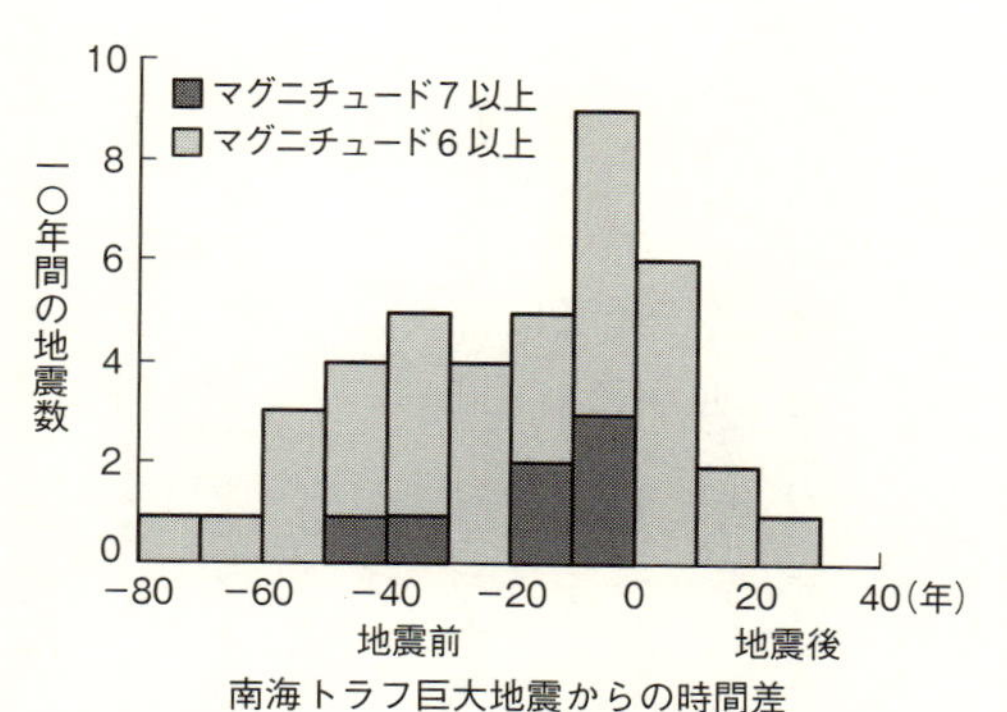

図3-8　南海トラフの巨大地震前後に近畿地方で発生した地震の頻度．Hori and Oike, Tectonophys, 1999より．

この傾向は、次のように考えることができる。西日本の内陸部はフィリピン海プレートの沈み込みによって力がかかっている。力を受けると、断層の割れ目の方向によっては、地震を起こしやすくなるものと、起こしにくくなるものとがある。プレートの沈み込みが進行するに従い、西日本の内陸にかかる力が徐々に増加し、その結果として地震が起きやすい断層の地震発生可能性が徐々に高まってくる。そのような断層がとくに近畿地方に多いために、南海トラフ地震に先立つ数十年間で近畿地方の地震活動が活発になる傾向があると考えられる。

一方、南海トラフ地震が発生すると、西日本の内陸部にかかる力が一気に変化する。そうすると、その力の変化に応じて地震が起きやすくなる断層が生じる。外部からかかる力が小さくなれば地震は起きにくくなるだろうと思うかも知れない。しかし、断層の割れ目を閉じる方向に働く力が小さくなると、摩擦が小さくなり断層がずれやすくなる。地震が起きやすくなる断層が生じるのは、こういう性質を反映する。また、南海トラフ地震におけるプレート境界のずれの分布は不均質なので、結果として内陸にかかる力の変化にも空間的なムラが生じやすい。そのため、思ってもみなかった場所で地震が発生することもある。

このように、南海トラフ地震の前後では、西日本の内陸で地震が発生しやすくなる。なかでも、南海トラフ地震の直後に発生する誘発地震は、震災による混乱に拍車をかけるという意味で厄介である。過去の南海トラフ地震発生直後の内陸地震としてよく知られているのが、第1章でも述べた一九四五年の三河地震である。

ノーマークの断層

それでは、三河地震のような誘発地震を、震源の場所を特定して事前に警戒できるのであろうか。筆者はそれには否定的である。三河地震を起こしたのは「深溝(ふこうず)断層」と呼ばれる断層である。地形的にも認識され、れっきとした活断層である。しかしながら、活動度は低く、国の地震調査研究推進本部(地震本部)がまとめた地震の長期評価においても評価対象として扱われていない。地震の長期評価では、全国で一一〇の活断層の地震発生可能性を評価しているが、深溝断層は対象外となっている。ノーマークなのである。

二〇一一年の東北地方太平洋沖地震では、発生からちょうど一カ月後の四月一一日に、福島県いわき市でマグニチュード七・〇の地震が起きた。これも井戸沢断層と湯ノ岳断層と呼ばれる二つのノーマークの断層が同時に動いた地震である。断層の動きは正断層型であり、東北地方の内陸部で発生する通常の地震とは異なる断層の動きであった。東北地方太平洋沖地震によって、それまで東西に押されていた東北地方にかかる力が抜け、東西に延びるタイプの正断層型の地震が発生したと考えられている。このように、プレート境界型の巨大地震が発生した後には、陸地の思わぬ場所で地震が起きることを想定しておかねばならない。誘発地震はどこで発生するかわからない。また、巨大地震が発生した後にできることも限られている。

誘発地震への備えは

誘発地震は、いわゆる**直下型の地震**であり、私たちの住んでいる地面のすぐ下を震源として発生する。

直下型の地震がどのような被害をもたらすかは、一九九五年の阪神・淡路大震災を思い出せばよい。この震災を引き起こした兵庫県南部地震では、淡路島から神戸にかけて約五〇キロメートルの断層が突然動いた。そのため、震源域の直上では震度七の激しい揺れになり、多くの家屋が倒壊した。とくに一九八一年の建築基準法に定められた耐震基準をクリアしていない古い家屋に被害が集中した。また家が倒れなくても、建物の中で重い家具や本棚が倒れ、下敷きになって亡くなった方も多かった。

このような被害を防ぐためには、耐震基準に満たない家の改築・改修、さらには家具や本棚の固定といった愚直な方法をとるしかない。ただし、家具の固定は万能ではない。ホームセンターなどで販売している家具の固定具くらいでは、どんな揺れにも万全とはいえない。むしろ体勢を整えて逃げるまでの時間稼ぎと割り切った方がよい。あるいは、いっそ家具を置かないのが一番無難かも知れない。そのような部屋の代表は寝室である。人は寝ている間は無防備で、とっさに動くこともできない。寝室には家具を置かないのがベストである。少なくとも、頭の近くに家具を置かないことは必須である。阪神・淡路大震災では、飛んできたテレビが頭にぶつかって亡くなった方がいたと聞く。

一九四五年に発生した三河地震では、すでに述べたように、発生の一週間ほど前から前震活動があった。比較的大きな地震が発生する前には、稀に前兆となる地震活動が観測される。その地震活動が次第に活発になって大きな地震につながることがある。三河地震のように活動度の低い断層で大きな地震が発生する前には、そうした前震活動があるのかも知れない。断層としてずれる面は岩盤中の弱面となっているはずであるが、長期間ずれなかったために固くくっついてしまっている場所ができていたのであろう。そのような場所を少しずつ壊していって、より広い面積の断層が一度にずれ動く条件を整えていくのが前震活動であるとも考えられる。

しかし、前震活動はいつもあるわけではない。また、群発的な地震活動があったとしても必ず大地震が起きるわけではない。それでも南海トラフ地震が発生した後に、群発的な地震活動が始まった場合には、耐震性の低い建物や巨大地震で被害を受けた建物からは避難するなど、念のための備えをした方がよいだろう。

4　琉球列島の津波地震

南海トラフ地震のような巨大地震が起きた場合、その影響が琉球列島にまで及ぶことはないのか。そういう懸念をもつ人がいるかも知れない。

琉球列島では、過去にプレート境界を震源とするマグニチュード八クラスの巨大な地震が発生したという記録はない。一九一一年には少し北の奄美大島近海でマグニチュード八・〇の地震が起きたが、これはプレート境界ではなく、沈み込むプレートの内部で発生したという説が有力である。筆者は、琉球列島に沿った地域では、プレート境界での巨大な地震が発生しにくいと考えている。その理由を、この地域のフィリピン海プレートの沈み込みの特徴から考えてみよう。

南海トラフとの違い

フィリピン海プレートは琉球列島に沿っても沈み込んでいる。本州南岸では沈み込み口を南海トラフと呼んでいるのに対し、琉球列島では**南西諸島海溝**と呼んでいる。琉球海溝と呼ぶこともある。南西諸島海溝は、南海トラフと同様にフィリピン海プレートが沈み込む場所であるが大きく異なることがある。ひと言でいえば、プレートが「押していない」のである。

南海トラフでは、フィリピン海プレートが沈み込む際に陸側の地殻を押している。これは日本列島に一三〇〇点以上も設置されている国土地理院のGEONET観測網のデータを見ればわかる。伊豆半島から四国まで、日本列島の南岸は北西方向に移動している(図1-8、五〇ページ)。この移動速度は沈み込むフィリピン海プレートの速度と同程度であり、プレートに押されていることがわかる。北西方向に押された日本列島の陸地は、南海トラフ地震が発生すると逆の南東方向に一気に動くのである。

南西諸島海溝に沈み込むフィリピン海プレートも、やはり北西方向に動いている。プレートは一体として動くからこそプレートと呼ばれており、北西方向に動くのは当たり前である。しかし、陸側の動きは別である。南西諸島海溝の陸側の地殻は、普段から南方向に動いている。その様子を図3-9に示す。これはGEONETで計測した各地点の動きである。対馬を固定点としており、基本的にユーラシア大陸に対する動きで示している。フィリピン海プレートの動きは、南大東島にあるGEONET観測点を見ればわかり、たしかに北西方向に動いている。

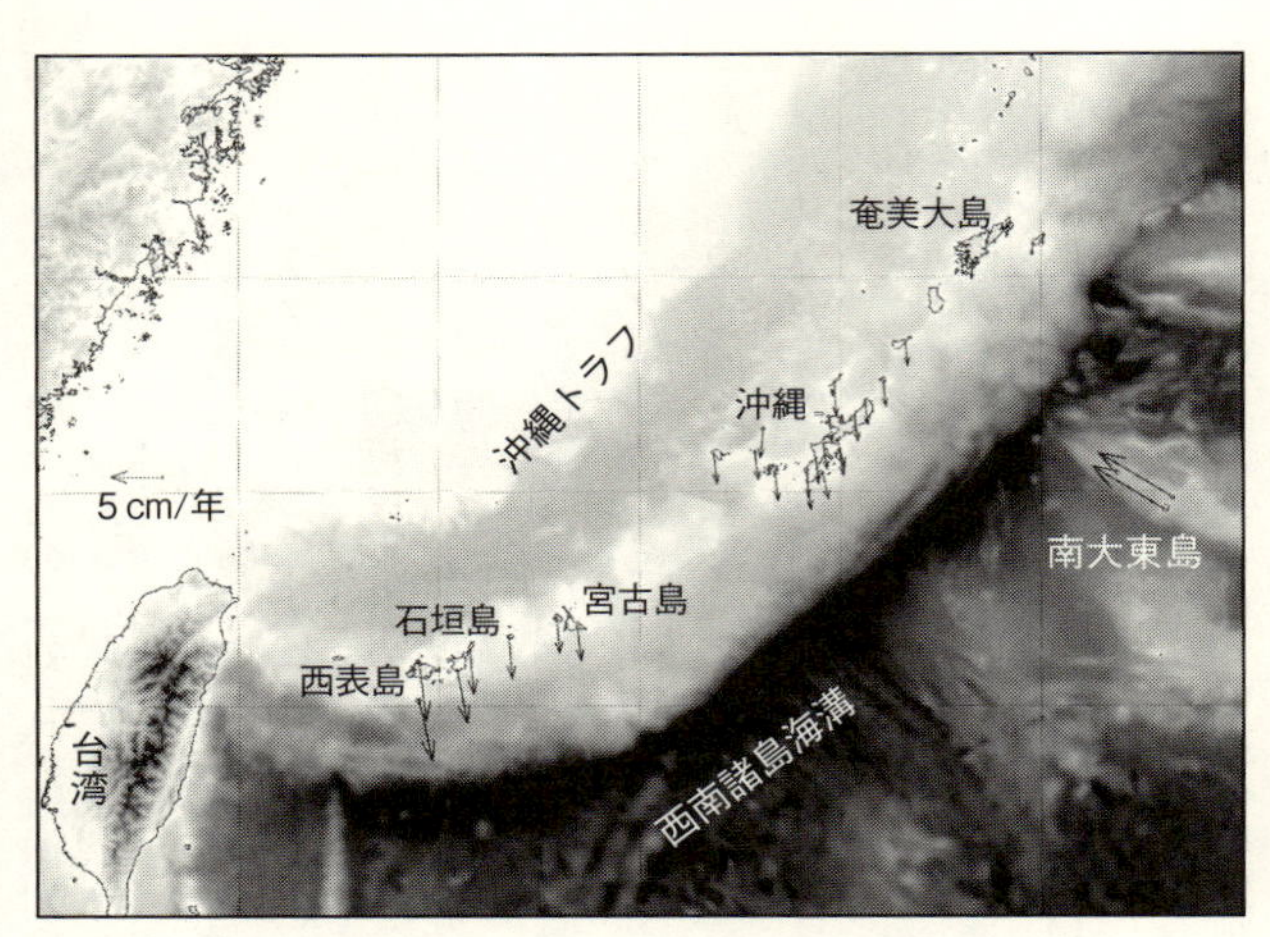

図 3-9　国土地理院の GEONET によって捉えられた琉球列島の動き．2013 年 7 月から 2015 年 6 月までの 1 年あたりの移動速度を矢印の長さで示した．

もし琉球列島がフィリピン海プレートに押されているのであれば、南大東島と似た動きをするはずである。しかし、琉球列島の陸地は明らかに南方向に動いている。つまり、海溝に向かって動いている。このように、フィリピン海プレートと異なった方向への動きは九州南部から琉球列島にかけて特徴的に見られる。

この動きは、この地域の様々な特徴的な動きと関連している。背弧海盆の形成、海溝軸の後退、沈み込んだプレート（スラブ）の形状である。図の矢印を見ると、琉球列島は大陸から離れる方向に動いている。だとすると、大陸と琉球列島との間に隙間ができなければいけない。図の海底地形を見ると、琉球列島の北側にやや深い海底の溝を認めることができる。これが**沖縄トラフ**であり、地殻が割れ、そこに深部からマグマが上昇して新たに海底が生まれている場所である。日本海も、かつては沖縄トラフのように地殻が割れて新たな海底が生まれた場所であった。日本海の拡大とともに日本列島は大陸から離れ、今の場所にやってきた。琉球列島も、かつての日本列島と同じように大陸から離れつつある。このことは、南西諸島海溝の位置が徐々に海側(南側)に移動(後退)していることを意味する。

フィリピン海プレートが陸側に向かって動いているのに、どうして海溝が海側に後退するのだろうか。ひと言でいえば、プレートが自重によってマントルに沈み込んでいるからである。プレートはマントルよりも密度が大きいため、海溝では自重によって沈み込んでいく。ちょうどテーブルを覆ったテーブルクロスの端を下向きに引っ張るようなものである。プレートが海溝で下向きに引っ張られると、プレートの下にはテーブルのような固い支えがないため、プレートが下向きに曲がる位置(すなわち海溝)が後退していく。そのため、陸側には沖縄トラフのような背弧海盆が形成される。

図3-10のように断面で見るとわかりやすいだろう。海溝の後退に伴って陸側の地殻が前進してくるが、その際に地殻の割れが起こる。その割れを埋めるかたちでマグマが上昇し、新た

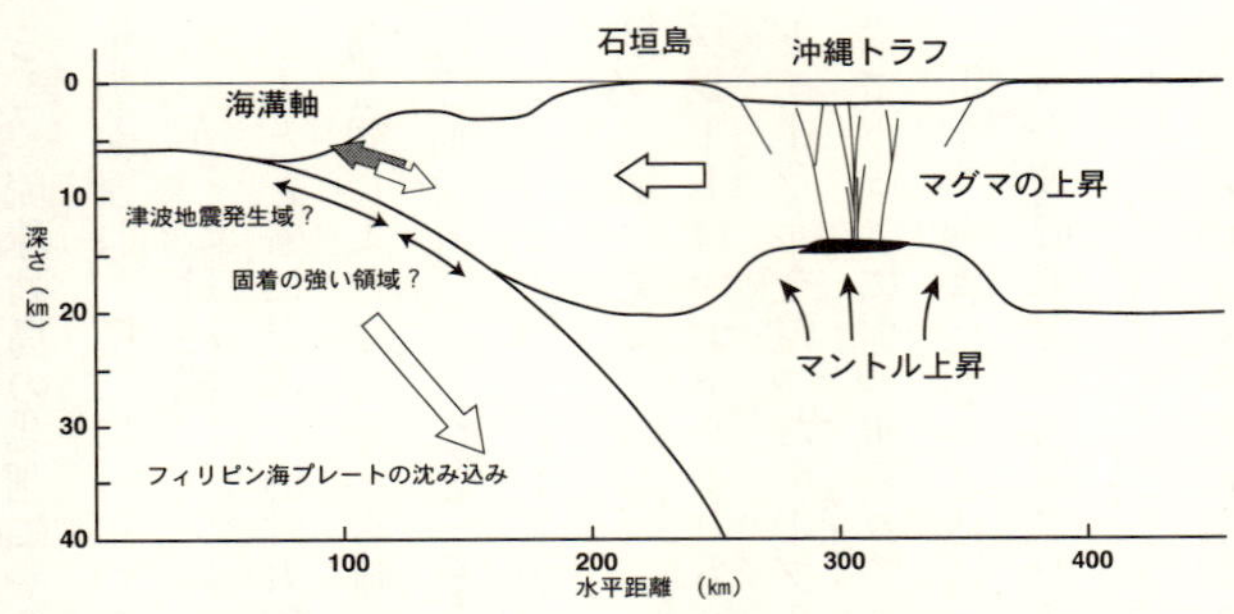

図3–10　琉球海溝から沖縄トラフにかけての動きと津波地震のしくみ.

な海底、すなわちトラフが生まれるのである。これが普通に考えられるプレート沈み込みプロセスである。

では、なぜすべての海溝が後退しないのか。これは筆者が三〇年前に博士論文で取り組んだ研究テーマの一つであった。理由をひと言でいえば、沈み込んだプレート（スラブ）が三次元的に、海溝方向に沿ってつながって支え合っているからである。

例えば東北地方に沈み込む太平洋プレートは、北側を千島海溝から沈み込むスラブに、南側を伊豆小笠原海溝から沈み込むスラブに支えられている。そのため三〇度という世界的に見ても浅い角度で沈み込み、日本列島を東西に圧縮している。

また南海トラフは伊豆半島の衝突と、四国と九州の境での折れ曲がりで支えられ、海溝（トラフ軸）が後退しないのであろう。

スラブの海溝に沿った方向のつながりが弱くなると、海溝が後退して、背弧海盆が開く傾向にある。琉球列島では、九州から連続していたスラブが西端の台湾付近で終わる。そのため横方向からの支えを失い、下向きの力によって海溝が後退する。同様な場所は、マリアナ海溝、トンガ・ケルマディック海溝があり、いずれも背弧海盆が拡大している。

このように琉球列島は、基本的には普段から海溝方向に引っ張られている。南海トラフや東北地方のように陸地にまで圧縮力が及び、巨大地震の際には広範囲に蓄積されたひずみエネルギーが解放されるのとは対照的である。ただし、実際にデータがあるのは琉球列島の陸地部分だけであり、さらに海溝軸付近についてはデータがない。海溝軸の近傍だけが圧縮され、それが一気に解放されると津波地震が発生する可能性はある。現在、急速に技術が発展している海底地殻変動計測によって、海溝軸近傍のひずみの状態が明らかにされることを待ちたい。

過去の津波被害

琉球列島で巨大地震が発生した例は知られていないが、大きな津波に襲われた記録は残っている。それが**八重山(やえやま)地震津波**である。この津波は、仮に南西諸島海溝でマグニチュード八クラス以上の巨大な地震が起きなくても、巨大な津波は発生したことを示している。

図 3-11　石垣島の海岸に打ち上げられた津波石．
写真提供：後藤和久氏．

八重山地震津波は、発生した年号から明和八重山地震津波と呼ばれ、一七七一年四月二四日の午前八時頃発生したマグニチュード七・四の地震によって引き起こされたものとされている。津波は八重山列島と宮古列島を襲い、八重山列島の石垣島では遡上高三〇メートル強の津波に襲われた。遡上高については、古文書の記録で八五メートルとされていたが、津波で陸上に打ち上げられた津波石(図3-11)の調査などにより修正されている。犠牲者は八重山列島で約九三〇〇人、宮古列島で約二五〇〇人(日本地震被害総覧より)であり、甚大な被害が発生した。地震の揺れによる被害は微小で、ほとんどすべては津波による犠牲者である。

この津波の原因は、必ずしもまだ明らかになっていない。石垣島の三〇キロメートルほど南方で発生した地震の断層運動によるという考え方がある。また、その地震に加えて海底地滑りが発生したという考え方もある。最近では、石垣島から南に一〇〇キロメートルほど離れた海溝付近で発生した津波地震が原因であるという考え方も提示された。

さまざまな研究によって、それらの考え方について定量的に検証が進められている。石垣島付近で地震の断層運動については、東北大学の今村文彦らによって津波計算と実際の津波の高さとの比較によって検証された。それによると、断層運動によって大きな津波を発生させるとすると、断層のずれが三〇メートルにもなり、マグニチュードが八クラスの地震に匹敵する。これは、地震の揺れから推定したマグニチュード七・四という数値とあまりにもかけ離れている。そのため、海底地滑りを併発して津波を発生した可能性が指摘されている。海底地滑りによる津波は、狭い範囲に集中して高い津波をもたらすのが特徴であり、そのような特徴とも合致する。ただし、地震モデルは逆断層を仮定しており、この地域の応力場とは合致しない可能性があり、さらなる検討が必要である。

一方、海溝沿いの津波地震の可能性は、琉球大学の中村衛らによって検証され、滑り量が一六メートルのマグニチュード八の津波地震で説明できるとされている。**津波地震**とは、海溝沿いの比較的狭い範囲が急激にずれて海底の地殻変動を起こし、津波を発生させるものである。海溝沿いは軟らかい堆積物でできているため、急激にずれても強い震動を発生させにくい。琉球列島は、海溝と直角方向に引っ張られている場所であり、南海トラフのように圧縮されていない。そのため、海溝から陸側の広い範囲が一気に跳ね返って海溝側に移動するような大規模な逆断層タイプの地震は発生しにくい。しかし、海溝軸のごく近傍の狭い範囲は、日本海溝と同様、沈み込むプレートの上に載って陸側に動いていると推測できる。その狭い範囲が跳ね返れば、津波地震となる。ただし、そのためには、津波地震発生域の深部に摩擦の強い領域が必要である。また、摩擦の強い領域があったとしてもその幅は狭く、南海トラフのように強い揺れと大きな津波をともなうマグニチュード八クラスの巨大地震を発生させることは考えにくい。

琉球列島では、どのような原因により津波が発生するのか。その解明は非常に重要である。そのためには、南西諸島海溝から沖縄トラフに至る地域の海底地殻変動を解明しなければならない。フィリピン海プレートの沈み込みの動きが、どのあたりにまで及んでいるか。また海溝軸方向への陸地の動きが、海溝付近のどのあたりにまで及んでいるか。それらがわかれば、琉球列島での津波の発生様式が明らかになるであろう。

第４章　被害予測と震災対策

1　政府の被害想定を読み解く

南海トラフの巨大地震に関する国としての対策は内閣府が策定した。東北地方太平洋沖地震を教訓とした地震・津波対策に関する専門調査会(座長、河田恵昭(よしあき)関西大学教授)が二〇一一年四月二七日に設置され、同年九月二八日に「あらゆる可能性を考慮した最大クラスの巨大な地震・津波を検討すべき」という報告を取りまとめた。この報告を受け、内閣府は南海トラフの巨大地震モデル検討会(座長、阿部勝征東京大学名誉教授)を設置し、「最大クラスの」地震モデルを策定することになった。

この検討会は、二〇一一年一二月二七日に中間とりまとめを公表し、最大クラスの震源モデルとその地震による揺れの震度分布と津波の高さについて示した。同検討会はさらに検討を続け、翌二〇一二年八月二九日に津波の浸水域分布や震度分布について、より詳細な計算結果を公表した。この計算結果を用い、二〇一二年四月に内閣府に設置された南海トラフ巨大地震対策検討ワーキンググループ(座長、河田恵昭関西大学教授)が具体的な被害想定を行い、二〇一二年八月二九日に第一次報告として死者・負傷者数、建物被害等に関する想定を発表した。さらに二〇一三年三月一八日には第二次報告として、建物等の施設への被害や、経済的な被害についての想定を公表した。同ワーキンググループは、二〇一三年五月二八日に最終報告として、南海トラフ巨大地震に備えるための対策について公表した。なお、同時に、南海トラフ沿いの大規模地震の予測可能性に関する調査部会（座長、山岡耕春名古屋大学教授）の報告も公表された。

これらの公表資料は膨大なもので、内閣府のホームページからダウンロードできるものの、すべてを読みこなすことはなかなかの手間である。ここでは、それらの報告の大事なところを掘り起こして解説することを試みる。

死者数と建物被害

地震による揺れであれ、津波であれ、私たちの生活に直接関わる被害想定は、死者・負傷者および建物被害である。国は、都道府県別の被害について原因別に想定している。死者・負傷者数と建物被害は相関があるので、ここではまず建物被害について政府の想定から何を読み取るかを考えてみる。

被害想定については、新聞やテレビなどでは全国での死者数は〇〇人、全壊家屋〇〇棟のような見出しを掲げるが、そのような数字を見てうろたえても何も役に立たない。また自分の住んでいる都道府県の被害の多い少ないも、個人としての防災対策には大して役に立たない。全体の数は、国や地方自治体の防災施策の優先順位や対策の予算を策定する場合には有効であるが、個々の家庭や事業所の防災ではその数字だけ見ても何をしてよいかわからない。

災害はそれぞれの地域の状況に大きく影響を受けることから、できるだけ自分の住んでいる場所や働いている場所の被害の特色を把握することがよい。個人の防災対策には全国を集計した被害想定よりも都道府県別の被害想定のほうが役に立つし、さらに市町村別の被害想定のほうが役に立つ。

南海トラフ域全域が震源となる最大クラスの地震の被害想定でも、震源域内における地震時のずれの分布や発生する時間帯によって、被害の大小や被害地域に偏りがある。地震はいつ、どのように起きるかを事前に知ることは困難であるため、どうしても複数のケースについて想定せざるをえなくなる。

国の想定では、想定震源域内のずれの大小の分布によって、津波については一一のケースを想定し、震度分布については強震動を発生する場所について四つのケースを想定している。また発生時間帯や風速も、夏の昼・冬の昼・冬の深夜のそれぞれに対して平均風速と風速八メートルの場合を想定している。これだけケースが多いと、一体どの数字を考慮したらよいかわからなくなる。このような場合にはできるだけ共通で変わらない情報に着目するのがわかりやすい。

そこで注目するのは、被害想定の原因別内訳である。それぞれの地域における被害の大小はケースによって大きく異なるが、被害の内訳の割合はあまり変わらない。まずは建物被害の内訳を見ておくと、南海トラフ巨大地震の対策としてどのような対策を取るべきかが明らかになる。

内閣府の建物被害の想定の原因別内訳としては、揺れによる被害、液状化による被害、津波による被害、急傾斜地崩壊による被害、火災による被害という分類がされている。揺れの強弱はおもに震源域までの距離によって決まり、建物の建っている地盤の揺れやすさの影響も受ける。液状化は砂地盤で地下水位が高い場合に発生しやすい。津波被害は外海に面している程度と海岸付近の地形で決まる。急傾斜地被害は崖崩れ・地すべりなどの斜面崩壊による被害であり、そのような場所に多くの家が建っていれば想定被害が大きくなる。火災は、地震の揺れや付随する現象・対応によって発生するものであり、木造家屋が密集している場合に被害が大きくなる。つまり、被害の内訳を見ると地域の特性が明らかになるのである(図4-1)。

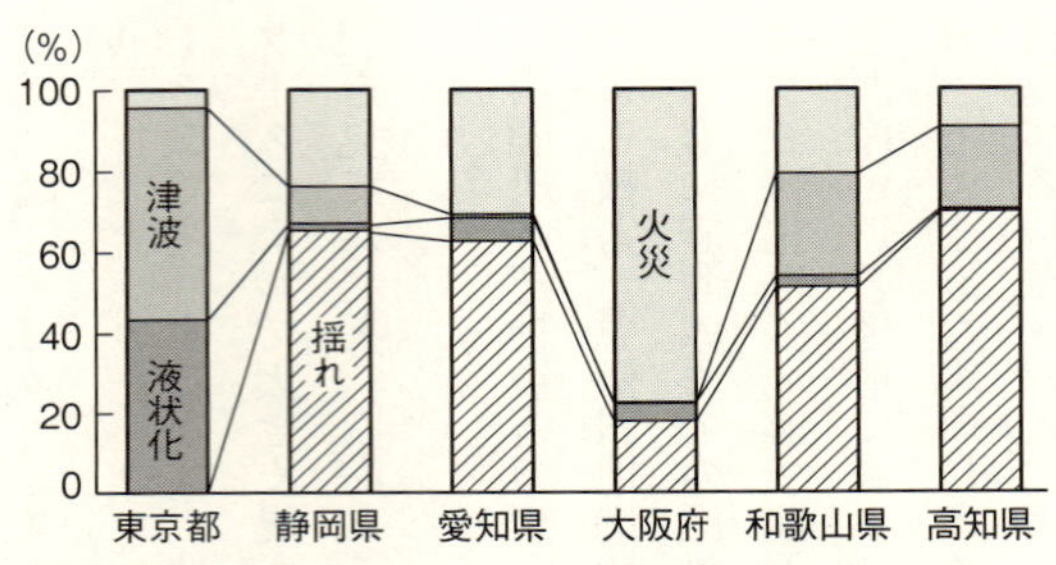

図 4-1　おもな都道府県における建物被害の原因別内訳.

このような目で代表的な都府県を東から見てみる。ここでは様々なケースのうち、各都府県が最大の被害を被る場合について比較してみたい。

静岡県の被害内訳

まず静岡県の被害内訳を見ると、揺れによる全壊が二〇万八〇〇〇棟、液状化で四九〇〇棟、津波で三万棟、火災で七万五〇〇〇棟となっている。静岡県は震源域の真上に位置しており非常に強い揺れに襲われるため、家屋被害が大きくなる。この被害を東京と比較すると、東京は揺れによる全壊はなく、液状化で一〇〇〇棟、津波で一二〇〇棟、火災で一〇〇棟とされている。これは震源域の東の端から一〇〇キロメートル離れているためで、いかに巨大地震といえども、震源域から遠く離れれば揺れによる被害が少なくなることを示している。

愛知県の被害内訳

静岡県の西隣の愛知県は、揺れによる全壊が二四万三〇〇〇棟、液状化被害が二万三〇〇〇棟、津波被害は二六〇〇棟、火災が一一万九〇〇〇棟となっている。最悪のケースで静岡県の被害を上回るのは人口が多いことに起因している。また愛知県には濃尾平野など大きな河川が土砂を運んできてできた平地が多いため、静岡県に比較して液状化被害が多い。その一方で、伊勢湾という入り口の狭い湾に面していることから津波の被害は相対的に小さい。

大阪府・和歌山県の被害内訳

大阪府を見ると、震源域からやや離れているため、揺れによる全壊が五万九〇〇〇棟である。それでも、液状化は一万六〇〇〇棟、津波が七〇〇棟、火災が二六万棟となっている。揺れによる全壊は愛知県の四分の一であるが、住宅が密集しているため、火災による焼失数は全国最多となっている。同じ近畿地方でも和歌山県は震源域に近いため、揺れによる全壊が九万七〇〇〇棟であり、太平洋の外海に面していることから津波による全壊も四万八〇〇〇棟となっている。

高知県の被害内訳

高知県は、人口約七五万人で大阪府や愛知県の一〇分の一、静岡県の五分の一であるが、揺れによる全壊は一六万七〇〇〇棟と人口の割に多い。震源域に近いという点に加え、地盤の軟弱地域が広い高知市に人口の半分近くの三〇万人が住んでいることと、住宅の耐震化率(平成二〇年度・国交省調べ)が七〇%であり、愛知・静岡の八〇%よりも低いことが影響しているのであろう。液状化による全壊は一四〇〇棟であるが津波により四万九〇〇〇棟が全壊するとされている。これは全都道府県で最大の数である。

以上のように都府県の被害を比較しながら内訳を見ていくと、その地域の弱点が見えてくる。ここでは、内閣府が発表した全国規模の被害想定を対象としたが、都道府県もそれぞれ被害想定を行い、市町村別の被害想定が発表されている。市町村別の被害内訳を検討することで、それぞれの地域の弱点が見えてくるはずである。

インフラの利用停止

地震によって直接的な被害を受けなくても、インフラの被害は地震後の私たちの生活に大きな影響をあたえる。大地震が発生すると、普段はごく普通に使っている電気、ガス、上下水道、通信などのライフラインだけでなく、道路、鉄道、港湾、空港などの交通施設も被害を受ける。スーパーやコンビニで簡単にものを買えるのは道路や通信の整備によって情報と物流の効率化が図られてきたからである。最近急速に利用されるようになったネット通販も、情報と物流が機能して初めて可能なサービスである。

この情報の流れを基礎で支えるのが電力である。物流も、道路、鉄道、港湾、空港といった設備だけでなく燃料がなければ自動車が動かないし、電力・通信がなければ効率的な運用は不可能である。このように私たちが普段享受している様々なサービスは多様なインフラによって支えられており、それらが地震の発生によって一時的に利用できなくなる。とくに巨大地震が発生すると広範囲が大きな被害を受け、復旧までの期間も長くなる。内閣府の被害想定は、このような社会のインフラの被害を東日本大震災や阪神・淡路大震災など、過去の震災の経験をふまえて詳細にまとめている。

まず、電気、ガス、上下水道、通信といったライフラインの被害である。過去の大震災では、これらライフラインのすべてが影響を受け、多くは停止した。インターネットや携帯電話といった新しい通信手段については、他のライフラインに比べて進歩の速度が速いため障害の程度を予測することはなかなか難しい。しかし、停電によってパソコンや家庭にあるインターネッ

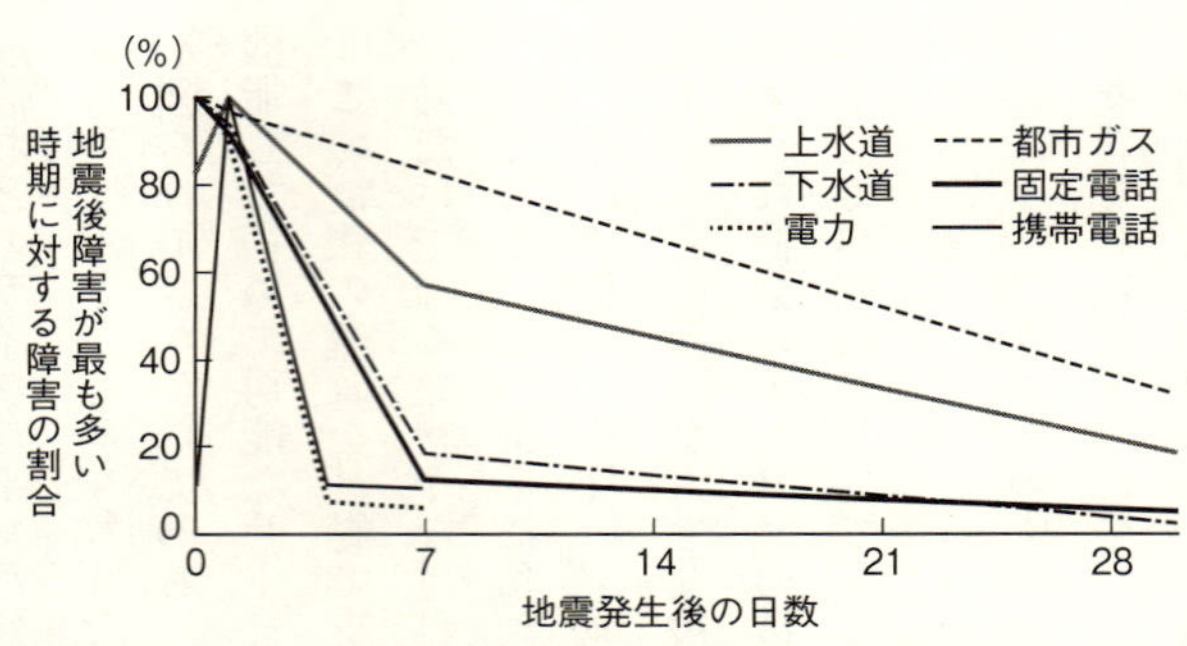

図 4-2　ライフラインおよび通信の復旧の傾向．地震発生後に障害が最も多い時期に対する障害の割合を示した．東海地方に最も影響の大きい震源モデルによる静岡県・愛知県・三重県の被害想定を平均したものを用いている．

トのモデム等が使えなくなるため、携帯電話を除き、少なくとも停電の間は使えないと考えておいた方がよい。

このようなライフラインがどの程度の時間で復旧するかを知っておくことが役に立つ(図4-2)。従来の震災の経験からすると、復旧は電力が最も早く、上下水道や都市ガスの復旧までには少し時間がかかる。通信についてはやや複雑なので、後で述べることにする。

電気・ガス・水道の被害

内閣府の想定によると、被害の多い地域では、地震の発生とともに電力・上下水道・都市ガスともに九割が停止する。電力については、原子力発電所や火力発電所の運転停止にともなう電力供給量の減少や、送電設備の被害により停電が発生する。それでも地震発生直後に九割が停電するものの、三日程度で約半数が回復し、一週間でほとんどが回復するとされている。

　上下水道や都市ガスの供給停止は、おもに地下に埋設されている管の破損による。埋設管の耐震化が進められているものの、都市ガスについては、揺れの強かった地域では、安全のため自動的にガスの供給が停止される。その場合、安全の確認作業後に復旧がなされるため復旧には時間を要する。上水道は、一週間後でも七割が断水のままで、大きく被災した地域では九五%復旧までに一カ月半から二カ月かかるとされている。下水道は、地震直後は利用できても、下流側や処理施設の被災によりじきに利用ができなくなる。一週間後でも四割程度が利用できないままで、大きく被災した地域では九五%復旧までに約一カ月かかる。

　マンホールが道路から大きく浮き上がっている様子は、典型的な液状化被害としてしばしば報道の写真に登場する。液状化による下水道被害の復旧には時間がかかることが理解できる。都市ガスについては、一週間後でも六割が供給停止のままで、大きく被災した地域では九五%復旧までに一カ月から一カ月半程度かかるとされている。なお、さきにも述べたように上水道については、マンションなどはポンプによって各家庭に配水するため、配管に損傷がなくても停電によって水の供給が停止することを知っておくとよい。また、ＬＰガスは各戸での安全確認後すぐに供給を再開できるため、一般に都市ガスよりも復旧時間は短い。

通信の被害

固定電話は、三日後に半分程度が復旧し、一週間後に八割程度が復旧するとされている。しかし、最近の固定電話はFAX兼用やコードレスなどの多機能化が進み、電力を必要とするものが多い。そのため電話線が使えても停電により電話が使えなくなることがある。最近の電話機では、停電時にも通話のみが使える機能を持っているものが発売されているので、新たに購入する場合には検討すべきである。

携帯電話については、通信線の影響を受けにくいため、地震直後には通話制限を除き八割程度の接続が可能となる。しかし、一～二日後には携帯電話の基地局の非常用電源が停止し、八割程度の基地局が利用不能となるとされている。それでも大きく被災した地域でも一週間程度でおおむね九割以上の基地局が復旧する。ただし、携帯電話も電力を必要とし、さらに最近のスマートフォンは電力消費が大きく無充電で使用できる時間も短い。ラジオや懐中電灯機能のついた手回し発電機を利用して充電すれば、停電時でも通信手段を確保でき、安否情報のみならずインターネットを通じた情報収集ができる可能性が高まる。

交通・運輸の被害

一方、道路、鉄道、港湾、空港など、人と物の動きにとってなくてはならない施設も地震によって被害を受ける。被害の大きい地域では、道路は高速道路を含めて通行止め、鉄道は運行停止、港湾は津波の被害を受けて機能停止、空港は点検のため一時的に閉鎖となる。

道路は緊急物資や復旧のための物資の運搬のため必須であり、ただちに復旧作業が開始される。東北地方太平洋沖地震では、幹線である内陸の東北自動車道や国道四号線をまず開通させ、そこから三陸海岸に向けての道路の復旧が一斉に行われた。復旧を進める道路の地理的分布の特徴から「櫛（くし）の歯作戦」と名付けられた。南海トラフの巨大地震後も、国土交通省では各地方整備局が陣頭指揮をとり、被害の比較的少ない内陸の幹線をまず開通させ、その後、津波などの被災地に向けて道路復旧をめざす。

ちなみに、このような作業は「道路啓開（けいかい）」と呼ばれている。内閣府の想定では、二〜三日で高速道路の仮復旧が完了して緊急通行車両が通行でき、津波被災地への緊急ルートの七割が確保されるとしている。また一週間後には、緊急通行車両のみならず、民間企業の活動再開のための通行も可能になるとしている。

鉄道は、新幹線も含め一週間後も不通のままである。実際、東日本大震災では、東北新幹線が全線開通するまでに四九日を要している。道路と同様に、鉄道は「線」であるため、一カ所でも復旧が遅れれば全線での通行に支障が出る。バスによる代替輸送が行われるものの、輸送力は大幅に損なわれる。当然のことながら、鉄道各社は地震対策を進めている。東西を結ぶ幹線である東海道・山陽新幹線は、高架橋や盛土地盤の耐震化を進めるとともに、脱線防止のためのガードをレールの内側に設置する工事を精力的に進めている。中央リニア新幹線が南海トラフの巨大地震発生前に完成すれば、地震時にも東西の重要な幹線として機能することが期待される。

空港は、地震時には重要な役割がある。被災地外から被災地へ最も早く到達し、緊急性の高い物資を素早く輸送することができるからである。空から被災地の被災状況を調査するための拠点にもなる。また被災地の重傷者を被災地外の病院にいち早く搬送するためにも利用できる。

空港は地震直後には点検のために閉鎖するが、点検が終わり次第、ほとんどはその日のうちに利用再開が可能となる。例外は、高知空港と宮崎空港である。両空港は海岸のそばにあり、東日本大震災時の仙台空港のような津波被害を受けることが想定されている。それでも津波による土砂・瓦礫などの処理を行うことで三日後には緊急物資・人員輸送のための運用を開始できるとしている。このように空港は、空間的には点であることから復旧は早く、震災からの復旧に活用されることが期待できる。

海上輸送は空路ほどの迅速性はないものの大量の物資輸送には必要である。港湾は耐震強化されていない岸壁については液状化等により被害を受け、機能停止に追い込まれる。耐震強化された岸壁でも、津波による瓦礫が港湾内に流出し船舶の航行を妨げてしまう。さらに、津波による潮位の変動は二日程度継続し、津波警報・注意報が解除されるまでは実質的な復旧作業はできない。岸壁が耐震化されている港湾では、津波漂流物などが取り除かれて船舶の航行ができるようになった段階から使用可能となる。

なお、この作業は「航路啓開」と呼ばれており、「道路啓開」とあわせて聞き慣れない言葉であるが、震災からの復旧には重要な作業である。岸壁が被害を受けた場合には、本格的な復旧までには二年以上を要するとされ、その場合にはその港の相対的な地位低下は免れない。

一九九五年の阪神・淡路大震災では神戸港が大きく被災した。名古屋港、大阪港などの近くの港が代替として用いられたため、国内トップであった神戸港のコンテナ取扱量が、横浜港・東京港に抜かれて三位に落ち込んだ。いったん逃げてしまった需要はなかなか戻らず、いまだに国内三位から四位に低迷している。さらにアジア地域の港湾の利便性向上のタイミングと合ってしまったため、震災前は世界で一桁台だった順位が二〇一三年には五二位にまで低下している（日銀神戸支店調べ）。

このように、いったん地震が起きると、普段私たちの生活を支えている経済活動の多くが停止し、復旧までには相応の時間がかかる。最も早い電力の復旧でも三日程度を見込む必要がある。また物資輸送に必要な道路の復旧も本格的に使用できるまでには一週間程度かかる。それまでは、各個人・家庭において自力で生き延びる必要がある。住居が地震に耐えたとしても、このようなインフラの復旧状況から判断すると、水や食料の蓄えは一週間分が必要なのである。産業などへの影響も大きく、いったん需要が逃げてしまうと半永久的に戻ってこないこともある。需要は国内の他の地域へ逃げる場合もあれば、国外に逃げてしまうこともある。産業界のBCP（事業継続計画）が重要な理由はここにもある。

波及する被害

以上は、地震の揺れや津波による直接的な被害の大きい地域での被害の様相であった。しかし、影響はその地域だけにとどまらず全国に波及する。電力については、火力発電所の多くが伊勢湾や大阪湾などの太平洋側の揺れの強い地域に立地しており、南海トラフの巨大地震による揺れや津波による火力発電所の停止を想定する必要がある。内閣府によると西日本では電力供給力が電力需要の五割程度まで落ち込むと試算している。地震直後は、工場の停止など電力需要も減少するため被災地以外への影響は少ないが、復旧にともなって徐々に電力需要が回復してくると供給が追いつかず、東日本大震災後のような計画停電が行われることになるかも知れない。

製油所が被害を受けるとその影響は大きい。東日本大震災でも仙台湾沿岸の製油所が被害を受け、自動車の燃料が不足する事態となり、復旧の足かせになった。西日本の製油所は伊勢湾や大阪湾など太平洋側で地盤の揺れやすい場所にあるため、東日本大震災以上の被災が考えられる。その場合、被災地での燃料が不足するだけでなく、一カ月程度かけて全国に燃料不足が拡がっていく。この燃料不足は復旧の足を引っ張る。

南海トラフの巨大地震の被災地は、まさに太平洋ベルト地帯であり、製油所にとどまらず、鉄鋼業、自動車製造業、船舶・航空機や電子・電機など、日本の経済を牽引している製造業が集まっている場所である。これらの産業は、サプライチェーンによって日本全国だけでなく世界中に密接につながっている。そのため、南海トラフの巨大地震の経済的影響は世界に拡がり、その規模は東日本大震災をはるかに上回る。

太平洋ベルト地帯は、東西を結ぶ交通の幹線でもある。国土交通省によると、日本の旅客輸送は人・キロベースで約六五％が自動車によっており、三〇％が鉄道で、航空機は五％である。貨物輸送は、同じく約六五％が自動車で約三〇％が海運で、鉄道は四％となっている。太平洋ベルト地帯で鉄道と道路が不通になると、旅客輸送のほとんどが、また貨物輸送の七割が影響を受けることになる。日本海側が迂回路となるものの鉄道の輸送力や道路の通行可能量は小さい。移動や輸送にかかる時間やコストの上昇を招き、経済活動に影響を及ぼす。

このように、南海トラフの巨大地震による経済への影響は計り知れない。国際的な経済競争が激しくなっている現在、巨大地震による日本の経済的停滞は致命的なものにもなりかねない。日本から製品が調達できないとなると、海外企業は代替製品の確保に走り、日本の産業は顧客を失いかねない。いったん失った顧客はなかなか戻ってこないことは、阪神・淡路大震災でも東日本大震災でも多くの例がある。東北地方の企業も、東日本大震災による出荷の停止により、西日本の他企業に顧客を奪われ、いまだに回復していないところもあるという。このような国際的信頼の低下が、日本の経済に長期的に影響を及ぼし、場合によっては致命的になる可能性もある。

２　防災体制はどうなっているか

このような想定をふまえ、国は従来の「東南海・南海地震に係る地震防災対策の推進に関する特別措置法」を改正し、「南海トラフ地震に係わる地震防災対策の推進に関する特別措置法」を制定した。内閣府では、この法律を受け、南海トラフ地震防災対策推進基本計画を二〇一四年三月二八日に発表した。この計画は、網羅的に書かれているため詳細に理解するのはなかなか骨が折れる。そこで、ここでは、個人・地域・企業などにとって重要と思われる項目に絞って解説をすることにする。

耐震対策

地震防災の一丁目一番地は「耐震」である。揺れても壊れないようにしておくのが最善である。二〇〇八年に国土交通省が行った調査では、全国の住宅の耐震化率は七九％であった。この割合を改築・改修によって増やしていくことが大事である。さらに建物の耐震性が確保されても、建物が揺れることには変わりはない。最近では一般住宅やマンションにも免震構造が取り入れられることがあるが、ごく一部である。

ここで免震とは、建物の基礎と建物本体との間に積層ゴムなどをはさみ、地盤の揺れを建物に伝わりにくくする仕組みである。しかし、免震構造を導入するには余分に費用がかかるため、建築される住居の圧倒的に多数は非免震である。

建物が揺れれば、背の高い家具や本棚は倒れる可能性が高い。そのため、家具や本棚の固定が必要である。ホームセンターではさまざまな固定器具が入手できる。人が寝静まった深夜に地震が発生すると建物倒壊や家具の下敷きによる犠牲者数がとくに多くなる。さきにも述べたように、寝室の安全性はとくに念入りにする必要があるが、完璧な家具の固定は難しいと思った方がよい。寝室には可能なかぎり、背の高い家具や本棚は置かないことである。

住宅以外では、学校、医療施設、不特定多数が利用する公共施設や、商業施設、地震時に対応の中心となる官庁施設などの耐震化はとくに重要である。学校は児童生徒の安全はもちろんのこと、災害時の避難所としても重要である。体育館などの公共施設も避難所になったり、地震時には拠点になる。応急対応の対策は、これらの場所が使用可能であることを前提として計画が立てられるので、耐震性の不足によって地震時に使えなくなってしまっては、それだけで対応が混乱し、復旧が遅れてしまう。役所など官庁施設は災害時に応急対応の中心となる建物であり、地域に関するさまざまな情報が集約されている。そのような場所が地震で使えなくなると、やはり復旧に時間がかかってしまう。

基礎の耐震化も重要である。地盤対策と聞くと液状化ばかりに関心が集中するが、丘陵地における宅地造成地などで谷を埋めたり斜面を盛り土した土地は、強い揺れで崩壊する可能性がある。もともと起伏のある丘陵地に住宅を建てるためには、できるだけ平らな面を作る必要があり、そこで、出っ張った尾根部分を削って谷を埋めることで平らな土地を作る。削ってできた土地は長期間地中にあった場所であるため固く締まっているが、埋めた土地は相対的に締め固めが弱い。とくに戦後の早い時期に造成した土地は注意が必要である。

地震火災対策

ガスやストーブの地震検知装置の普及や建物の不燃化が進んだとはいえ、地震時の火災防止は重要な課題である。筆者が見るかぎりの最大の懸案は、都市部の木造密集地の解消である。地方都市では、少子高齢化、郊外型店舗の進出などにより、旧市街地の木造密集地が残されたままのところが多い。若者は郊外に家を建て、大型ショッピングセンターで買い物をするという生活スタイルが定着してきている。旧市街地は、シャッターストリート化と高齢化が進み、同時に耐震の遅れが顕著化している。さらに空き家が増えるなど活力も衰え、防災力はどんどん低下している。事態は深刻であり、このまま放っておくと地震時の火災で一帯が燃え尽きてから新たに災害に強い地域を作ることになりかねない。地域の知恵を結集した取組みが必要である。

いろいろ対策を立てても、地震時の火災発生をゼロにすることは困難である。地震火災による被害を減らすためには、火災の発生件数を減らすと同時に、初期消火率の向上が必要である。火災発生件数を減らすための重要な取組みは長期にわたって行われ、いまや調理器具や暖房器具は地震の揺れで自動停止するのが普通になってきた。それでも阪神・淡路大震災では、電力の復旧により火災(通電火災)が発生した。そのため、最近は避難するときにはブレーカを切るように言われている。

政府の計画では、この点をさらに確実にするために地震の揺れによってブレーカを自動的に切る感震ブレーカの普及が必要だとしている。一方、初期消火率の向上のためには、町内会のレベルで消火活動ができる自主防災組織の充実や、消防設備、消防水利の確保が必要としている。地震火災は複数の場所で同時発生する特徴があるため、消防署の消火能力を超え、消防車による消火に期待することはできない。それぞれの場所で火災発生防止と初期消火に努めることが唯一の地震火災対策である。

津波対策

津波については、一〇〇年から数百年に一回程度の頻度の高い規模の地震による津波（レベル1）対策と、滅多に起きないが規模の大きい地震による津波（レベル2）対策に分けていることが特徴である。このようなレベル分けは、地震の揺れ対策よりも津波の対策において効果が高い。

地震の揺れも津波の規模も、地震のマグニチュードが大きくなればなるほど大きくなるが、その大きくなり方が異なる。木造住宅など一般的な建物に影響をあたえる揺れの周期は一秒程度であり、その振幅はマグニチュードが一増えても三倍程度にしか大きくならない。しかし、津波の高さに影響をあたえるのは、非常に長い周期の震源の動きであり、マグニチュードが一増えると津波の振幅は約一〇倍になる。したがって、津波については、マグニチュードの想定の違いが津波の想定に大きな影響をあたえる。レベル1、レベル2といった二段階の対応をすることが、地震の揺れよりも津波の対策において重要となる科学的根拠はここにある。頻度の高いレベル1の津波に対しては堤防などのハード対策による災害軽減を図り、頻度は低いが規模の大きなレベル2の津波に対しては命だけは守る対策を取る、というのが国の基本的方針である。

国はハード対策として、海岸堤防の整備や耐震化、さらに堤防を津波が越えて流れ込んだ場合でも堤防が壊れないようにするための技術開発をすることとしている。また役所、学校、病院など、地震が起きたときに重要な役割を担う施設は、津波の浸水に耐えるようにするか、高台移転をするとしている。地域の判断で、住宅の高台移転をすることも推進している。

津波から住宅を守るためには高台に移転するのが確実である。堤防を整備するよりもトータルコストとしては安い場合もあるだろう。しかし、生活の場として不便な高台よりも便利な平地を選択するという判断もありうるし、一〇〇年に一回の津波被害であるのならば、津波で家が流されることを想定に入れて生活設計をすることもあるかも知れない。その場合でも命が助かることが前提である。いずれにせよ、高台移転は地域・住民の判断で行うことが大事である。

命を守るためには、迅速な避難が必要である。南海トラフの巨大地震では、東北地方太平洋沖地震に比べて津波が海岸に到達するまでの時間が圧倒的に短い。したがって、高台に避難する十分な時間がない地域がある。国は、そのような場合には津波避難ビルなどを整備してすぐに逃げ込める対策を取るべきとしている。レベル2の津波では命だけは守るとしているが、地震が発生したときにそれがレベル1かレベル2かを即座に判断することはできない。まずレベル2を前提とした避難をして、安全を確保してから津波の情報を入手し、津波警報・注意報が解除されたら家に戻るようにすべきである。一回や二回、避難して何事もなくても無駄だったと思ってはいけない。何しろ、マグニチュード九の地震はマグニチュード八の地震の一〇分の一の頻度でしか発生しないのである。一〇回避難して何事もなくても、それが普通だと思うべきである。

津波から命を守るためには情報が大事である。地震とともに多くの場所で停電が発生する。規模の小さい地震ではテレビから情報を得られるので高をくくっていると、本当に逃げなければいけない規模の地震では停電によってテレビから情報を得られなくなる。複数の情報ルートを確保しなければいけない。政府の計画では、防災行政無線、緊急速報メールを津波の被害を受けるすべての市町村に整備し、情報伝達手段の複数化を図るとしている。

事業継続計画

地震や津波の被害では、個人の住居の被害に焦点が当てられがちであるが、企業などの会社の仕事を維持することも重要である。家をなくすことはつらいことではあるが、会社がなくなって仕事がなくなると、将来への希望までもなくしてしまう。将来は明るいと思うことが人間に活力を与える。企業はきちんとした**事業継続計画**（ＢＣＰ）を立てておくべきである。

事業継続計画とは、地震によって一時的に企業の事業が停滞しても、それが致命傷になることなく、かつできるだけ早く以前の事業レベルにまで戻すための計画である。最近は、一つの製品でも関連する多くの企業の部品を組み立てて作るなど、企業間の関係が深まっている。このような関係をサプライチェーンと呼んでいる。被災地の企業ではいち早く事業を立て直すための計画を立てておく必要があり、また被災地以外では部品の調達ルートを複数化するなどの対策が必要となる。ただし、ルートを複数化したつもりでも、実はその先で一つの企業から部品を調達していることもあり、慎重な検討が必要である。

防災教育と広報活動

どんなに立派な設備があっても、きちんとした計画があっても、最後に行動するのは人である。そのための教育と訓練は非常に重要である。国の計画で示した教育内容は、自治体や企業などの職員と地域住民で若干異なっている。共通して必要な教育内容は、地震・津波に関する基礎知識や南海トラフ地震による揺れと津波に関するものである。

　そのうえで自治体・企業の職員には、それぞれの組織の中での具体的な行動や役割、現在の対策と今後の課題についての知識が必要とされている。一方、地域住民は自分たちの命や財産を守るためのより具体的な知識が必要とされている。たとえば、出火防止策・救助活動等の知識、正確な情報の入手方法、自治体など災害時の応急対策の概要、地域が被る可能性のあるハザード、備蓄品の知識などである。地震はいつ来るかわからないので、これらの広報・啓発は一過性に終わらず機会を見つけて繰り返し行う必要がある。

防災訓練

防災訓練も重要である。訓練でできないことは実地にはできないと思うべきである。地震が発生したり、津波襲来の恐れがあるときに行うべき行動は訓練をしておく必要がある。机上で計画を立てても、実際に訓練を行ってみるとうまくいかないことがあり、問題点が明らかになる。問題点を修正して次の訓練に活かすことが大事である。

　筆者の所属する名古屋大学でも毎年全学で地震防災訓練を行っている。大学は自主性を重んじる組織であり、「訓練」と名の付くものを行うのは大変不得意である。しかし名古屋大学では東海地震の想定見直しが行われた二〇〇三年から訓練を始めた。最初は小規模な訓練であったが、少しずつ規模を拡大し、今では全学の教職員・学生が参加する規模となっている。南海トラフの地震はまだ先であると思っても、訓練を始めるのは今である。

「自助・共助・公助」防災力の向上

以上のような対策を、国が音頭をとって進めていくというのが計画である。そうすると我々一般市民は、国や自治体の計画が実施されるのを待っていればよいというように感じるが、そうではない。地震などの自然災害は、弱いところを狙ってくる。地震の揺れは、耐震性のあるなしを区別しない。近所同士は同じように揺れる。その場合、耐震性が不充分な住居は容赦なく被害を受ける。自分で行動をしなければその結果は自分が受ける。

津波に襲われる地域では、隣近所に同じように津波がやってくる。自分でどのように逃げるかを予め考えておかなければ、津波時に誰も助けてくれないかも知れない。何しろ、南海トラフの地震では、ぐずぐずしていると避難が間に合わない地域がある。国や自治体に対策を期待しても、長期的な財政難のため余裕がなく、個人レベルまでの対策は不可能である。

言い古された言葉であるが、防災対策は「自助・共助・公助」である。この言葉は、順番も含めて非常に重要である。地震防災対策について、まず自分でできることをする。家の耐震化、家具や本棚の固定、非常食の準備などは「自助」である。

その上で自分にできないことは、地域で取り組む。これが「共助」で、地域の町内会などで自主防災組織を作って住んでいる地域を守ることである。地域には一人暮らしの高齢者が住んでいるかも知れない。いざというときの安否確認は地域住民で行うのがベストである。阪神・淡路大震災の際、淡路島の北淡町(ほくだんちょう)(現在の淡路市)では、倒壊した家屋に閉じ込められた住民の捜索作業がいち早く進んだ。生還した方、残念ながら遺体で収容された方、さまざまであるが、その日のうちにすべての住民の安否確認ができたという。普段の付き合いで、誰がどこに寝ているかといったことまでわかっていたという。

地震時の火災発生も脅威である。住宅密集地では、いったん火災が発生すると周囲に燃え広がる。耐震性の有無にかかわらず燃え広がる。くり返すが、地震時の火災は同時多発であるため、消防の能力をはるかに超え、消防車が来て消火活動に当たってもらうことは期待できない。そのようなときは初期消火が勝負であり、これも地域の自主防災にゆだねるしかない。地域は地震が発生したときの助け合いの基盤である。

地域の力でも及ばないことは、自治体や国に頼るしかない。これが「公助」である。避難所の確保、道路や堤防の整備、地震の情報提供、さらに長期的には災害に強い都市計画などは公の仕事である。

これらと順番を逆にして公助・共助などを期待して人任せにしてはいけない。防災は国や自治体の仕事であるとして対策を任せ、できていないことには文句を言う。地域の自主防災組織などの活動には参加せず、協力もしない。これで建物の耐震化、家具の固定もせず、非常食などの準備もしなければ防災力が高まるはずがない。最近では、自治体が耐震改修の補助金を公募しても、応募する世帯がどんどん減っているという。東日本大震災から時間が経つにつれて危機意識が薄れているのかも知れない。人が意識しなくても、自然は次の地震に向けて着実に準備をしていることを忘れないでほしい。

南海トラフの巨大地震は、甚大な災害が広域で発生する。さきにも述べたが、日本の中で助けられる側の人口と助ける側の人口の比率は二対五くらいになる。東日本大震災では一対一二であったことを考えれば、非常に条件が悪い。助ける側が相対的に少なくなるため、外の地域からの十分な助けは期待できない。そうなったら、地域の中でできるだけ助ける側の割合を増やすしかない。自助に備えている人が増えれば、助けなければいけない人たちに援助を集中できる。共助ができている地域が増えれば、救助が必要な地域により力を集中できる。自分たちや、自分たちの地域の防災力を高めることは、自分たちのためだけでなく他の人や他の地域のためでもある。

3　直前予知は可能か

確実な予測は難しい

内閣府では、「南海トラフ沿いの大規模地震の予測可能性に関する調査部会」を組織し、南海トラフに関する直前予知の可能性についてとりまとめを行った。座長は筆者が務めた。この調査部会は、「確度の高い予測は困難である」との報告を行った。この表現に至った背景をまず述べたい。

この報告の鍵は「確度の高い予測」という文言にある。この報告書では基本的に「予測」という言葉を用いている。地震の「予知」と「予測」の区別は、地震学等の専門家には重要な問題であるが、この二つの言葉を厳密に区別して使っている人はそういない。このような議論の余地のある言葉は、使い方を誤ると言葉の定義だけの議論で終わってしまう。考えてみれば、

「予知」も「予測」も将来発生する現象について述べている言葉である。ならば「予測」という言葉だけで事足りるはずである。そこで調査部会では原則として「予測」という言葉を用い、修飾語により論理的明確性を保つようにした。

地震の予測とは、将来発生する地震の時期・場所・規模の範囲を限定するものである。地震の予測を試みている手法はいくつか存在するものの、現時点では正確に予測する手法はない。ただし、厳密にはこのように言い切るのは論理的には正しくない。日本列島とその周辺域ではマグニチュード二以上の地震は年間約二〇万個も発生している。一日平均五五〇個である。それならば、「明日、日本列島とその周辺(海溝軸まで)で、マグニチュード二以上の地震が起きる」という予測をすれば、ほぼ必ずその通りになる。時期・場所・規模をきちんと限定して予測をしているので地震の予測としては問題ない。しかし、このような予測に実用上の意味はない。滅多に起きない規模の地震を予測することが地震の予測として実用上の意味を持つ。

滅多に起きない規模の地震であっても、確率表現を用いた予測ならば可能な場合がある。日本列島とその周辺の地震活動がグーテンベルク-リヒター則に従うとすれば、マグニチュードが一増えれば頻度が一〇分の一になる。そうすると、日本列島とその周辺でマグニチュード七以上の地震は一年間に平均二つくらい起きることになる。この場合、「明日から一カ月間に日本列島とその周辺でマグニチュード七以上の地震が起きる」という予測が的中する確率は、六分の一（一七％）程度となる。

マグニチュード七の地震は陸域で発生すれば大きな被害になるし、海域で発生してもそれなりの揺れが観測される。これは当てずっぽうの予測であるが、普通の地震学の知識があればこの程度のことは言える。「明日から一週間以内」とすると、二四分の一（四％）程度の確率で当たる。もちろん、これは日本列島とその周辺という広い地域なのでこの程度の確率であり、地域を限定すればもっと確率は小さくなる。それでも、ある確率を持った予測として表現できる。

南海トラフの巨大地震については、政府の地震調査研究推進本部（地震本部）が今後三〇年間の発生確率を七〇％と試算している。これは「ＢＰＴモデル」という確率モデルを用いて計算した数字である。原理的には、今後一週間の発生確率もこのモデルで計算可能である。試しに計算してみると、今後一週間に南海トラフで巨大地震が発生する確率は〇・〇〇四％となる。実用的には意味のない数字であるが、とにかく予測はできる。

予測の費用対効果

問題は、この低い予測の確率をどの程度まで高くできるかである。報告書で述べている「確度の高い」とは、「確率の高い」と読み替えてもよい。あるいは、もう少し踏み込んで「実用的な確率で」という意味と考えてもよい。

それでも「実用的な確率」がどのくらいであるかは、判断の分かれるところであろう。ある人は八割程度なければ実用的ではないと考え、ある人は二割でも実用的と考えるかも知れない。世の中には、いつ起こるかわからない事象に対して普段から訓練を行っている組織がある。警察、消防、自衛隊である。かつて自衛隊の関係者に、地震の予測の的中率が二割でも役に立つかと尋ねたら、役に立つという答えが返ってきた。自衛隊は有事に備えて訓練して待機するのが仕事である。何か事が起きる可能性が高まれば、そのための待機体制を組むことになる。二割でも十分に役に立つということであった。

これらの議論は、多分に定性的であるため、もう少し定量的な議論を試みよう。そのために予測の費用対効果を考える。地震の予測を評価する場合、通常「予知率」と「的中率」によって成績がつけられる。予知率とは、予測の対象とする地域で発生したあるマグニチュード範囲の地震に対して、どの程度が事前に予測されたかを表す値である。つまり、地震発生を見逃さなかった割合である。的中率とは、地震が起きるとした事前の予測のうち、どの程度の割合で実際に地震が起きたかを表す値である。つまり、どの程度カラ振りが少ないかを表す割合である。地震が起きるとつねに言い続ければ、予知率は一〇〇％となる。一方、対象とするマグニチュードや空間・時間の範囲を広げれば、的中率が一〇〇％の予測ができる（図4-3）。

この予知率と的中率のうち、単純化するため、的中率のみを費用対効果の考えに用いる。この場合、「地震が起きる」と公表したときのコストと、その予測が的中したときの利益とを考える。公表された場合のコストとは、応急対策にかかるコストである。

	地震発生	地震発生せず
事前予知あり	A	B
事前予知なし	C	D

予知率＝Aの個数／（Aの個数＋Cの個数）
的中率＝Aの個数／（Aの個数＋Bの個数）

図4-3　予知率と的中率．図中のA～Dに該当する地震の個数をもとに計算する．

現在、想定東海地震については地震予知に関連する情報が公表されることになっており、切迫性が高いと判断されると内閣総理大臣が「警戒宣言」を出す。その場合、地震の影響を大きく受けるとされる地域では、道路交通の制限、鉄道の運行停止、店舗の営業停止など、通常の経済活動が大きく制限される。この制限は地震が起きるか、警戒宣言が解除されるまでつづく。

予測が的中した場合には、鉄道や道路の事故が減少するし、火災による被災率も低下する。応急対策によって家屋の倒壊被害の減少、津波による経済被害の減少が考えられる。具体的には、内閣府が二〇〇三年に試算しており、予測がなされずに地震が起きたときに比べ、地震が予測されて的中した場合には被害額に約六兆円の差があるとしている。これが利益である。一方、予測をしてさまざまな応急対策を取ることによる費用は、一日あたり一七〇〇億円とされている。これがコストである。予測が的中しなくても警戒宣言の解除まではこのコストがかかり続ける。警戒宣言の解除まで一週間とすると、警戒宣言を一度出すと約一兆円のコストがかかることになる。

警戒宣言の利益

では、的中率がどの程度であれば警戒宣言が利益を出すのか。その計算については、少々古いが、一九七七年に宇津徳治によって定式化が行われている。その式によると、的中率が費用とコストの比よりも大きければ、予測がコストに見合う利益を出すことになる。利益を出すための的中率は、先ほどの内閣府による東海地震の試算によると六分の一、つまり一七%である。いろいろとアバウトな計算が含まれているので細かな数字を議論しても仕方ないが、的中率が二割程度あればよいと言えるだろう。なお、ここでは「人の命の値段」は考えに入れていない。人命は地球よりも重いとして値段を無限大にしたら、的中率がいくら小さくても予測には価値があることになる。

ここでこのような試算をしたのは、この節の表題である「直前予知は可能か」という表現の内容をきちんと考察したかったからである。予知の可能性についての評価は、「地震が起きる」ということが公表された場合に、どのような応急対策を取るかが決まらなければ評価できないというのがここでの主張である。

現在の東海地震対策は、東海地震の予知の的中率が二割以上であると見込めなければ、経済的には「不可能」と同じと見なせるだろう。応急対策による利益を減らさないようにコストを減らすことができれば、的中率がもっと小さくても「可能」と扱える。つまり、直前の予測にもとづいた応急対策の内容で予測の実力(的中率)を評価することが必要である。ほとんどコストがかからずに利益が大きくなるような方策があれば、かなりいい加減な予測でも役立つことを意味している。

たとえば、「今日は地震が起きると言われたので、非常食と水を鞄に入れて出勤しよう」というような行動は、かなり確率が低くても役に立つ。非常食は災害に備えて本来家庭に備えておくべきものであるので、それを持ち歩くかどうかはコストにほとんど影響しない。しかし、外出時に地震に遭遇した場合には、コンビニの店頭から食料と水がなくなり入手できなくなるかも知れない。そうなれば利益は非常に大きくなる。

南海トラフ地震の予測的中率

ところで、地震調査委員会の長期評価手法に従うと、南海トラフで巨大地震が起きる確率は徐々に増加している。現時点(二〇一五年)で今後一週間以内に地震が発生する確率が〇・〇四%とした。このまま地震が発生しないとすると、二〇二五年時点では〇・〇六%、二〇三五年では〇・〇九%と増えていく。一方、南海トラフのプレート境界深部では半年に一回程度、一週間程度の期間、低周波地震・微動にともなったスロースリップが観測されている。

スロースリップはプレート境界の巨大地震発生域にひずみを蓄積する働きをしている。したがって、スロースリップが発生している時期は他の時期に比較して巨大地震が発生しやすいと考えられる。やや乱暴であるが、仮にスロースリップの時期にしか巨大地震が発生しないとすると、半年間(二六週)のうち、スロースリップが発生している一週間が地震を発生させる可能性のある時期となる。その場合、その一週間に地震が発生する確率は、先ほどの試算の二六倍となり、二〇三五年時点では二%となる。

この試算はかなり楽観的なものであるが、それでもこの程度の確率にしかならない。ただし、我々が今まで観測したことがないような速さのスロースリップが発生すれば、巨大地震発生の危険性が増すと考えられるだろう。しかし、それでも現在の地震学の実力では、その場合の予測的中率を見積もることは困難である。地震予測に関する研究が進み、観測された現象が巨大地震を引き起こす確率（的中率）を評価することができるようになり、それを予測情報として公開するようになれば、それに応じた対策を社会が取ることで、地震災害による被害を軽減できるようになるだろう。

予知率について

ここでは「予知率」については扱わなかったので、少しコメントをしておこう。地震発生予測手法の科学的評価のためには的中率と並んで予知率の議論を欠かすことができない。しかし、地震が不意に発生することを前提とする場合には予知率を無視してもよい。現在、地震発生の予測は困難とされ、地震防災の基本は、不意の地震発生に対する普段の備えである。

「予知率」計算の基本となる地震発生の「見逃し」は、不意に地震が発生することであり、社会にとっては当たり前のことである。それに対して「的中率」計算で扱う「空振り」は地震が起きるという予測が発表されることになるわけだから、それに対して対策を取ることになる。せっかくコストをかけて対策を取ったにもかかわらず、予測がはずれたときには対策が無駄になる。したがって、地震発生の直前予測が困難であるという前提に立てば、社会に影響する予測の評価として、空振りしない確率である的中率のみを考慮すればよい。

4　予測だけでは被害は減らない

さまざまな予測

南海トラフの巨大地震に関しては、さまざまな予測や想定が公表されている。

次に起きる南海トラフの巨大地震の震源については、内閣府が想定しておくべき地震モデルを作っている。東日本大震災以前は、過去に発生した地震の履歴にもとづき、地震の発生する地域を単純化して、東から東海地震、東南海地震、南海地震の三つの震源域を想定していた。地震はこれら三つの震源域が組み合わされて発生するとし、最大のものは三つの震源域が連動して発生する地震であるとしていた。

東日本大震災以後は、従来の三つの震源域に加え、トラフ沿いの細長い領域もずれ動くことを想定し、高い津波を発生させる震源域として想定に加えた。またプレート境界の陸側の延長部や日向灘も場合によっては同時にずれるとした。これが想定すべき最大クラスのモデルである。震源モデルだけでは被害がわからないので、津波予測の手法と強震動予測の手法を用い、それらの震源モデルによって予想される各地の津波と揺れの強さを計算している。建物や人的被害は、この津波や揺れの強さをもとに推定している。

この予測には、「いつ」という時間の概念が含まれていない。時間の概念が含まれた予測としては、政府の地震本部が地震の長期評価として公表している。長期評価では、ほぼ同じ規模の地震がほぼ一定周期で繰り返し発生するという考え（固有地震モデル）にもとづき、繰り返し周期と最後に発生した地震の時期から次の地震の発生時期を予測している。実際には発生時期の予測を直接公表するのではなく、現時点から一定期間における地震の発生確率として公表している。南海トラフでは、地震規模と発生間隔が比例するという仮説を取り入れて次の地震の発生時期を確率評価している。

南海トラフの地震のうち、東海地震の震源域に関しては、気象庁がひずみ計等のデータを二四時間監視していて、直前予知のための監視を行っている。地震発生の直前予知は難しいことはかなり国民に周知されてきているものの、それでも異常が発生した場合には公表をしてほしいという要求も強い。さらに西方の東南海地震や南海地震の震源域についても、東海地震震源域と同様に気象庁が予知のための監視をすべきという考えもあるが、現時点では議論が進んでいない。

南海トラフだけではなく、全国の地震について震源で発生した直後にできるだけ早くその規模を推定して、揺れや津波が到達する前に住民に情報を伝える仕組みが運用されている。これは、**即時予測**と呼ばれる種類の技術であり、揺れについては「緊急地震速報」として、津波については津波警報・注意報などの津波情報として伝えられる。

予測と対策はセットに

このように、地震や防災の研究、情報伝達技術の進歩とともに、地震や津波に関する予測は日々進歩してきている。しかし、間違ってはいけないのは、予測するだけでは災害は減らないことである。当然だが、防災・減災対策を実行することによって初めて災害は減るのである。

日本は歴史的に大地震や大津波に何度も襲われてきた。地震や津波の被害は人々の記憶に残り、文書に残り、石碑に残り、教訓として地域に伝承されてきた。明治以降、一八九二年の震災予防調査会の設立から継続して、各地に残る地震の歴史記録が収集されてきた。それに加えて地震の科学的研究や観測が進められ、地震の揺れや津波によって被害が生じる仕組みが明らかにされてきた。そのような知見の集約されたものが、各地域の**被害想定**である。

時間とともに教訓は風化する。津波により大きな被害を受けた地域において、二度と津波の被害を受けないために人々が高台に住んでも、二代三代と世代を重ねるうちに海岸に近いところに住むようになった。近年では堤防や排水技術の発達によって、かつては人が住まなかった場所にも住居が建てられている。遊水池であった場所が住宅地になり、大雨による洪水で浸水する例も多い。地域の災害ハザードマップを作っても、土地の価値が下がると公開をいやがられる例もあった。

しかし、公開しようがしまいが、それとは関係なく自然現象は起き、災害は発生する。それならば、事前にハザードを知って対策を立てることで災害を減らした方がよい。

災害の予測は、対策を立案するときの判断材料となる。個人や企業など個々の立場に立ってみれば、自分の住んでいる場所や働いている場所が、地震時にはどのような被害に遭う可能性があるか。それを知ることがまず大事である。そのために、国や自治体ではハザードマップを作っている。国や自治体は、ハザードマップを見ながら、効果的に災害を減らすための方策を検討するが、財政には限度がある。そこで、優先順位を決めて順次進めていかなければならない。個人や企業はハザードマップによって自分の住居や事業所が被る可能性のある被害の種類や程度を知る。個人や企業もやはり予算に限りがあるため、優先順位をもって対策にあたるべきであろう。

中長期的な予測や想定に対しては、公表されてから対策を考えてもかなりの程度対応ができるであろう。しかし、時間的に余裕のない予測については、事前に対応を検討し、場合によっては意思決定までをしておかなければいけない。

最も時間的余裕がない予測情報は**緊急地震速報**である。緊急地震速報が出た場合には、とっさに自分の身を守る行動が要求される。いつ、どこで緊急地震速報に遭遇するかわからない。常日頃からできるだけ多くのケースを想定して、イメージトレーニングをしておく必要がある。建物の中にいた場合には、上からものが落ちてくることに備えて、机の下にもぐったり、安全な場所に身を寄せるなどの行動が必要である。耐震性の低い建物にいる場合は、外に出ることを考えた方がよいかも知れない。電車の中では、ブレーキや揺れに備えて吊革などにしっかり摑まることが必要である。屋外では、看板などが落ちてくる可能性に備え、付近の丈夫な建物の中に避難する。

津波警報や注意報が出た場合には、予め決めておいた場所へ、予め決めておいたルートで避難することが大事であろう。南海トラフ地震の場合には、地震発生から津波がやってくるまでに時間的余裕がない。考えたり迷っている暇はない。避難場所を知らなかったり、ルートが定まっていない場合には、逃げ遅れてしまうこともありうる。

大きな津波をともなう地震かどうかを判断する前に、まずはともかく避難することである。その上で避難が十分だったか、あるいは避難する必要がなかったと判断し、次の行動を起こせばよい。考えて判断するには時間が必要だが、その時間を確保するために、まずは避難しなくてはならない。

直前予知を公表すること

地震の直前予測(予知)の場合にはもっと深刻である。公式の予知情報が出た場合の社会的影響が大きいと考えられるからである。東海地震予知に関する現在の応急対応では、警戒宣言が出た場合、一日あたり一七〇〇億円の損害が発生するほどの対策が取られることになっているからである。それでも警戒宣言が出た場合、数日以内に地震が起きるのであれば、それ以上の利益が見込めるためにこの損害にも我慢できるのであろうが、地震が確実に起きる保証はない。さらに、地震発生前に観測できるほど、十分に大きな前兆すべりが観測されるかどうかもわからない。

そのような不確実な現状で大規模地震対策特別措置法により警戒宣言が出される仕組みになっていることに対しては批判も多い。一方で、何らかの前兆と思われる現象が発生した場合に情報を出してほしいという意見も多く聞く。

たとえば仮に、事前に対応を決めることなしに、気象庁が、公式の情報として南海トラフ地震につながるかも知れない現象が観測されたことを発表したらどうなるだろうか。新聞やテレビが一斉に様々な専門家の意見を聞きに走り、避難すべき、鉄道は止めるべき、地震予知などは当てにならない、自分の観測では異常はない等々、対応の混乱は目に見えている。地震や地殻変動などに関して理解力のある人であれば、公表された情報を判断し、適度な安全対策をするなどの行動ができる。しかし、そのような人は少数で、多くの人は何をしてよいかわからず右往左往してしまうだろう。会社でも仕事を続けるのか、休みにするかの判断が分かれるかも知れない。このように地震発生に関する予測の情報の出し方には注意深くなる必要がある。

地震につながる可能性の評価を含めた公式の情報が必要であるならば、その時の対策や対応は社会全体で事前に議論して、何をするか意思決定をしておかなければいけない。逆に、対策や対応について事前に意思決定されていない場合には、社会の混乱が懸念されるため情報は出しにくい。こうした事情があまり理解されず、地震予知の可能不可能論争が議論されることが多い。

たとえば、地震予知ができない例として「二〇一一年東北地方太平洋沖地震は予知されなかった」といった表現がなされる。実際には、予知の前提となる予知のための体制がなかったことに注意しなければいけない。東北地方太平洋沖地震では本震の二日前に、マグニチュード七・三の顕著な地震があり、その後に、巨大地震の破壊開始点(震源)のまわりでゆっくりとした滑りが発生していたことが明らかになっている。通常の余震活動に比べて、異常な地震活動が発生していた。

また、東北地方の日本海溝沿いでは、本震の二日前のような地震が発生した場合、その規模を上回る地震が三日以内に発生する確率は二〇〜二五%である、という研究結果が気象庁気象研究所から発表されていた。これをもって確実な予知(確度の高い予測)が可能となるわけではないが、本震の二日前には十分に警戒する必要がある状態であったことはいえる。また、二〇一四年一一月二二日に長野県の白馬村を震源として発生した地震(長野県神城断層地震、M六・七)も、五日前から震源付近で小さな地震が始まっていた。長野県でこのような小さな地震が発生し始めた場合、一週間以内にマグニチュード六を超える地震が発生する確率(予知率)は約一〇%であるという報告が、やはり気象研究所によってされている。

現在、地震予知に関する多くの考え方は、地震の予測は確実性が一〇〇%に近くなければ意味がないといった考え方が多いように思う。しかし、場所によっては予知率が一〇~二〇%程度であるが、確率的な予測が可能な場合がある。これを、確実な予測ではないという理由で無視するよりは、積極的に活用する方策を考えた方がよい。その場合、先に述べたように予測の確実度に従って、対応の内容を決めるべきである。

予測と想定

ここでは、予測と想定を余り区別せずに議論した。しかし厳密には予測と想定は異なる。国語辞典(スーパー大辞林)で調べると、予測とは「将来の出来事や状態を前もっておしはかること」とある。それに対し想定とは「状況・条件などを仮に決めること」とされている。現実には科学的根拠に基づいて予測し、予測に基づいて決めたものが想定である。地震に備えた防災対策を行うためには、どの程度の揺れや津波に対して災害が発生しないように対策を施すかという目標が必要となる。それが想定であり、災害軽減に向けた一種の社会的合意であろう。

想定のレベルを低くすると防災対策の達成は容易であるが、想定を超えた現象が頻繁に起きる。想定のレベルを高くしすぎると防災対策が困難になり、想定の意味がなくなる。したがって、多くの想定は災害対策の実現性を考慮して決められる。そのため、想定を超える地震や津波が発生するリスクは常に存在する。例えば、一〇〇年に一回の地震や津波発生を想定して防災対策を行ったとしても、一〇〇〇年に一回しか発生しないような大規模な地震や津波が発生すると災害を防ぎきれなくなる。

われわれは、想定を超える地震や津波が起きうることを意識しなければいけないし、想定を超えると事前の防災対策が機能せず、甚大な被害が発生することを知っていなければいけない。南海トラフの巨大地震では、可能な対策に応じて二段階の想定にした。財産を守るための想定と命だけは守るための想定である。それでも、想定は人間が決めたことなので、想定を超えたり、想定していなかった地震が起きることもあるだろう。そのような場合、地震・津波やそれに伴う自然現象や建物被害などのしくみを理解しておくことがとっさの行動につながり、生死を分けるかも知れない。

終章 それでも日本列島に生きる

地震が怖ければ海外に行く

私たちは日本列島に住んでいる。日本列島は地球上では変動帯に属し、今まさに陸地を作っている場所である。プレートが沈み込むことによって、海底の堆積物が陸地に付加し、マグマ活動は陸地を地球内部から成長させている。そのため、日本列島では隆起をする山地、沈降する平野、噴火で成長する火山など地形の変化の速度が大きい。プレートの沈み込みによって海溝やトラフ沿いで巨大地震が発生するだけでなく、内陸で活断層型の地震が発生する。また日本列島は雨が多く、隆起する山地がどんどん浸食され、運ばれた土砂は沈降する平野に堆積していく。雨水による浸食堆積作用は、一方で土砂災害や洪水災害をもたらしている。

私たちは、そのようにして形作られていく日本列島に生活をしている。そして、風光明媚で、美しい自然があり、その自然にはぐくまれた奥深い文化と文明を持つこの国に愛着を抱いている。このような日本列島における自然・文化・文明と日本列島の自然の営みとして発生する地震・火山・風水害とは一枚の紙の裏表の関係にあり、どちらか好きな方だけを選択するわけにはいかない。日本列島が「災害列島」であることを認めた上で、生活を営んでいく必要がある。経済的には、この災害列島であることがコストとなり、その分だけ災害の少ない欧米などの国々に対してハンディを負っていることにもなる。日本が世界と伍して競争するためには、災害を克服した社会基盤を持っていなければならない。

以前、母校の中学校で講演する機会を得た。そのイントロダクションで「日本列島に住む以上は地震と無縁でいられない、地震が怖かったら地震のない国に行くしかない」という趣旨のことを話したら、講演後に生徒会長の女子が「地震が怖ければ海外に行くという言葉が印象に残りました」と御礼の言葉を述べてくれた。ちょっと面食らったが、未来を担う若者にはそのような選択肢があってもよいのかも知れない。いずれにせよ、日本は世界の中でとくに地震災害の多い国であることは理解してくれたと思う。

稀な大規模現象

このような自然災害の多い国に住む私たち日本人が、その自然災害の性質としてぜひ理解しておきたいのが、「大規模な現象ほど頻度が低い」ということである。

最近では「低頻度巨大災害」という表現がなされることがあるが、これは「大きな災害ほど稀である」という性質を言い換えただけである。大きな現象ほど稀であるという性質は、地震学においてはグーテンベルク‐リヒターの法則としてよく知られている。世界中のほとんどの場所における地震でマグニチュードが一増えると頻度が一〇分の一になるという性質が成り立っているのである。火山などの特殊な場所では、普通の地域よりも大きな地震が起きにくいものの、大きな地震ほど頻度が小さいという性質は変わらない。

火山噴火においても同様である。日本列島では、今日起きれば現代の文明を滅ぼすほどの威力を持つ火山噴火が過去に発生したことがある。南九州では鹿児島湾北部の姶良(あいら)カルデラ(二万九〇〇〇年前)、鹿児島湾南部の阿多(あた)カルデラ(一一万年前)、九州南方の鬼界カルデラ(七三〇〇年前と九五〇〇〇年前)で、それぞれ巨大噴火が発生している。阿蘇カルデラでは、九万年前、一二万年前、一四万年前、二七万年前に巨大噴火が発生した。

このような巨大噴火が発生すると数百立方キロメートルもの火山灰を噴き出し、九州の半分くらいの面積が火砕流で覆われる。火砕流は高温であるため、火砕流で覆われた場所の生物は死滅する。火山灰は西風に乗って日本列島の広い範囲に降りそそぐ。姶良カルデラの噴火では関東地方でも一〇センチメートルの火山灰が積もった。いま、このような噴火が起きれば、九州が壊滅するだけでなく、日本列島全域にわたって農業が壊滅的な打撃を受けるだろう。

さらに、成層圏にまで噴き上がった火山灰は、数年にわたって太陽光をさえぎり、日照量の減少が世界的な食糧不足を引き起こすだろう。そうなれば、世界各国が日本を助けてくれる余裕はなくなる。多くの餓死者が出るかも知れない。

幸いなことに、日本という国は有史以来、このような巨大噴火を経験せずに文明を育むことができた。過去一世紀で最大の噴火は一九一四年の桜島噴火だが、噴出量は〇・六立方キロメートル程度である。一七〇七年の富士山宝永噴火でも、噴出量は〇・七立方キロメートル程度であった。巨大噴火は、それらをしのぐ想像を絶する規模の噴火である。ごく稀ではあるが、それは起こりうる噴火である。日本列島に住む以上、私たちはそのことも知っておかなくてはならない。

災害対策の限界

日本では、昔から自然災害を防ぐための対策を取ってきた。しばしば発生する洪水に対しては、堤防を作ることによって田畑や家屋を守ってきた歴史がある。濃尾平野では木曽三川（きそさんせん）と呼ばれる木曽川・長良川・揖斐川（いびがわ）がもたらす豊かな水と肥沃な土地を利用した農業が行われてきた。

その一方でたびたび水害にも悩まされてきた。そのため、人々は「輪中」と呼ばれる堤防を作り、自分たちの土地を堤防で取り囲んで水害から守っていた。それでも、一番西側を流れる揖斐川は川底が低く、大雨の時には川底の高い木曽川から水が流れ込み、輪中堤を越えて田畑を水害が襲っていた。

これに対し、一七五三年、江戸幕府が薩摩藩に命じて三川分流工事を実施させた。これは江戸幕府が当時力を持ちつつあった薩摩藩の力を弱める目的でもあったが、薩摩藩はそれに耐え、多くの犠牲を払いながら難工事を成し遂げた。これが宝暦治水である。この恩に感謝し、薩摩義士の功績を偲ぶため、岐阜県西部の大垣市と鹿児島市はいまでも交流を続けている。濃尾平野の堤防工事は明治以降も継続され、濃尾平野の水害は減少していった。

しかしながら、劇的に減少したとはいえ、稀に水害は発生する。一九七六年には岐阜県の安八町で長良川右岸が決壊し、広い範囲が長期間水に浸かった。これは鹿児島県南方で一週間にわたって台風が停滞したため、長良川沿いで累積雨量一〇〇〇ミリに達する大雨が降り続いたためである。台風が停滞すると風向きが変わらないため、南から進入した湿った空気による雨雲が同じ場所にかかり続ける。

このように、私たちは自然現象に対して災害が発生しないように対策を施していく。その結果として、小規模な現象による災害は減少し、場合によってはほとんど災害発生を防ぐことができている。河川においても五〇年に一回、一〇〇年に一回の頻度の河川水位になっても堤防が決壊しないような対策を立てているため、大規模な水害に遭うことは滅多にない。地震についても、建築基準法による耐震基準が、建築基準法ができた一九五〇年以降、一九六八年の十勝沖地震、一九七八年の宮城県沖地震の経験を経て徐々に強化された。一九八一年の建築基準でできている建物が一九九五年の阪神・淡路大震災におおむね耐えたことから、それ以降に建てた建物は耐震性があるとしている。

津波についても、三陸沿岸では一八九六年の明治三陸津波、一九三三年の昭和三陸津波、一九六〇年のチリ津波を経験して、湾港防波堤を作ったり津波ハザードマップを作成するなど津波対策を進めてきた。しかし、二〇一一年の東北地方太平洋沖地震は、六〇〇年に一回の規模であり、岩手県南部から福島県にかけてのほとんどの地域で想定していた津波の規模を超えていた。

最近では、地球温暖化の影響か、大雨による土砂災害が目立っている。二〇一三年一〇月一六日には伊豆大島で大規模な土砂災害が発生した。時間雨量一〇〇ミリを超える雨が四時間以上も降り続き、島で最も人口の多い元町の山側の斜面が広い範囲で崩壊し、死者・行方不明が三九人という大惨事となった(内閣府まとめ)。二〇一四年八月二〇日には広島市で一晩に三〇〇ミリ近い雨が降り、山沿いの地域で土石流が発生した。この災害によって広島市では七四名の方が犠牲になった。いずれも地元の方へのテレビインタビューを聞くと、このようなことは生まれてから初めてであるとか、五〇年住んでいて初めてであるという答えをされていた。筆者は、火山の研究で伊豆大島に一九八六年から五年間住んでいたが、地元では火山噴火には警戒しつつも、大雨による大規模な土砂崩れはまったく意識の外であった。

日本列島に生きる

ここで述べた地震災害も、津波災害も、火山災害も、土砂災害も、日本列島が形成されていく中で起きる自然の現象である。技術の進歩により、小さくて頻度の高い現象から徐々に災害防止がなされてきた。自然のままならば毎年土砂災害や洪水に見舞われる地域であっても、一生に一度も災害を受けないで済むようになってきた。そのため、私たちは自然を征服してしまったかのような錯覚に陥っている。

しかし、大きな規模の現象ほど頻度は低い。幾世代にわたって安全であったとしても、自分の代に大災害を受けることもありうる。そのような場合、親の代からの言い伝えは役に立たない。言い伝えが伝わらない過去に起きた現象を古文書や地質学的手法から読み取り、それを自然のしくみの研究に照らし合わせて将来発生しうる現象を予測し、それぞれの地域の住民に知らせていくという作業が必要である。

提供された知見をどのように使い、判断するかは住民に任される。たとえば、普段の生活や仕事には便利ではあっても、一〇〇年に一回の津波に襲われる可能性のある場所に住んでいる場合、より安全な場所に引っ越すか、便利さを選択して被害の可能性を人生設計の中に入れて命を守る対策を取るかは、判断の問題である。

いずれにせよ、専門家や国・自治体はできる限り正確な情報と知見を住民に伝えることが大事である。また、受け取る側も、その情報を正しく理解して活用する力を深めることが大事である。高校における地学の地位の低下が指摘されて久しい。地学は、私たちの身の回りの自然の営みを学ぶ学問である。日本列島では、地震も火山噴火も土石流も洪水もごく普通の自然の営みである。それをきちんと理解することが命を守ることに通じる。地学は命を守るための科目であることも忘れてはいけない。

私たちは、プレートの沈み込みに起因する地殻変動やマグマ活動による陸地の成長と、水の作用による土砂の運搬によってできた日本列島の地形を利用して住んでいる。そのような日本列島の自然の営みによる災害をハードで防ぐことは、とりもなおさず、自然の摂理を妨げることと同じである。洪水を防止するダムや堤防は、同時に土砂の運搬・堆積作用を妨げていることを理解しなければいけない。日本列島のほとんどの平野は地殻変動で沈降しつつある場所に河川が運んできた土砂がたまってできた場所である。おそらく将来、私たちは、自然現象が担ってきた平野の堆積作用を肩代わりしなければならなくなるだろう。

内閣府が想定した南海トラフで発生する最大クラスの地震は、地震本部によると、過去一六〇〇年間には発生したことがないという。しかし、二〇〇〇年前の地震によると見られる津波堆積物が発見されるなど、それ以前に最大クラスに匹敵する地震が発生していないという保証はないし、次の地震が最大クラスになることも否定できない。日本列島は過去一〇〇万年にわたってほぼ同じ変動を継続してきた。人類にとって二〇〇〇年は大昔に見えても、日本列島にとってはつい最近のことである。

将来発生する現象は過去に知られている現象の範囲内とは限らず、もっと大きな規模の現象かもしれない。私たちは、日本列島の自然が引き起こす、ごく稀ではあるが大規模な災害と災害との間の、平和な時期に生かされてきたのかも知れない。このことを理解して、日本列島で生きていきたい。

おわりに

南海トラフ地震や富士山は明治以来の多くの先輩研究者による地道な研究の積み重ねによってその活動が明らかになってきた。政府の地震調査研究推進本部や内閣府防災担当、気象庁、関係自治体では、これも多くの努力によって災害軽減のための報告書や被害想定がまとめられている。本書は、それらを踏まえ、地震や火山現象の研究を専門とする筆者の観点から、読みやすい解説を試みたものである。紙面の都合で紹介できなかったオリジナルの文献などは、それらの報告書を参照してほしい。いずれもインターネット経由でダウンロードできる。

なお、本文でも触れた南海トラフ地震による長周期地震動については、原稿をほぼ書き終えた二〇一五年一二月一七日、内閣府から想定が公表された。都市の急速な発達によって顕著になった新たなリスクとして注目すべきである。

最後に、編集部の永沼浩一さんには、本書で最も大事な構成の段階から適切な助言をいただいた。記して感謝したい。

山岡耕春

山岡耕春

1958年静岡県生まれ
現在—名古屋大学環境学研究科教授．地震予知連絡会会長
専攻—地震学，火山学
著書—『Q & A 日本は沈む？——地震・火山と防災』理工図書，『地震予知の科学』東京大学出版会(分担執筆)

南海トラフ地震　岩波新書(新赤版)1587

2016年1月20日　第1刷発行
2023年7月25日　第9刷発行

著　者　山岡耕春（やまおかこうしゅん）

発行者　坂本政謙

発行所　株式会社 岩波書店
〒101-8002 東京都千代田区一ツ橋 2-5-5
案内 03-5210-4000　営業部 03-5210-4111
https://www.iwanami.co.jp/

新書編集部 03-5210-4054
https://www.iwanami.co.jp/sin/

印刷・理想社　カバー・半七印刷　製本・中永製本

ISBN 978-4-00-431587-2　Printed in Japan

岩波新書新赤版一〇〇〇点に際して

ひとつの時代が終わったと言われて久しい。だが、その先にいかなる時代を展望するのか、私たちはその輪郭すら描きえていない。二〇世紀から持ち越した課題の多くは、未だ解決の緒を見つけることのできないままであり、二一世紀が新たに招きよせた問題も少なくない。グローバル資本主義の浸透、憎悪の連鎖、暴力の応酬——世界は混沌として深い不安の只中にある。

現代社会においては変化が常態となり、速さと新しさに絶対的な価値が与えられた。消費社会の深化と情報技術の革命は、種々の境界を無くし、人々の生活やコミュニケーションの様式を根底から変容させてきた。ライフスタイルは多様化し、一面では個人の生き方をそれぞれが選びとる時代が始まっている。同時に、新たな格差が生まれ、様々な次元での亀裂や分断が深まっている。社会や歴史に対する意識が揺らぎ、普遍的な理念に対する根本的な懐疑や、現実を変えることへの無力感がひそかに根を張りつつある。そして生きることに誰もが困難を覚える時代が到来している。

しかし、日常生活のそれぞれの場で、自由と民主主義を獲得し実践することを通じて、私たち自身がそうした閉塞を乗り超え、希望の時代の幕開けを告げてゆくことは不可能ではあるまい。そのために、いま求められていること——それは、個と個の間で開かれた対話を積み重ねながら、人間らしく生きることの条件について一人ひとりが粘り強く思考することではないか。その営みの糧となるものが、教養に外ならないと私たちは考える。歴史とは何か、よく生きるとはいかなることか、世界そして人間はどこへ向かうべきなのか——こうした根源的な問いとの格闘が、文化と知の厚みを作り出し、個人と社会を支える基盤としての教養となった。まさにそのような教養への道案内こそ、岩波新書が創刊以来、追求してきたことである。

岩波新書は、日中戦争下の一九三八年一一月に赤版として創刊された。創刊の辞は、道義の精神に則らない日本の行動を憂慮し、批判的精神と良心的行動の欠如を戒めつつ、現代人の現代的教養を刊行の目的とする、と謳っている。以後、青版、黄版、新赤版と装いを改めながら、合計二五〇〇点余りを世に問うてきた。そして、いままた新赤版が一〇〇〇点を迎えたのを機に、人間の理性と良心への信頼を再確認し、それに裏打ちされた文化を培っていく決意を込めて、新しい装丁のもとに再出発したいと思う。一冊一冊から吹き出す新風が一人でも多くの読者の許に届くこと、そして希望ある時代への想像力を豊かにかき立てることを切に願う。

（二〇〇六年四月）

岩波新書より

自然科学

花粉症と人類　小塩海平
美しい数学入門　伊藤由佳理
統合失調症　村井俊哉
リハビリ 生きる力を引き出す　長谷川幹
がん免疫療法とは何か　本庶佑
ユーラシア動物紀行　増田隆一
津波災害〔増補版〕　河田惠昭
技術の街道をゆく　畑村洋太郎
抗生物質と人間　山本太郎
ゲノム編集を問う　石井哲也
霊長類 消えゆく森の番人　井田徹治
系外惑星と太陽系　井田茂
文明は〈見えない世界〉がつくる　松井孝典
首都直下地震◆　平田直
南海トラフ地震　山岡耕春
ヒョウタン文化誌　湯浅浩史
人物で語る数学入門　高瀬正仁
桜　勝木俊雄
エピジェネティクス　仲野徹
算数的思考法◆　坪田耕三
地球外生命 われわれは孤独か　長沼毅・井田茂
科学者が人間であること　中村桂子
富士山 大自然への道案内◆　小山真人
近代発明家列伝　橋本毅彦
川と国土の危機 水害と社会　高橋裕
適正技術と代替社会　田中直
四季の地球科学　尾池和夫
地下水は語る　守田優
キノコの教え　小川眞
宇宙から学ぶ ユニバソロジのすすめ　毛利衛
心と脳　安西祐一郎
職業としての科学　佐藤文隆
太陽系大紀行　野本陽代
偶然とは何か　竹内敬
ぶらりミクロ散歩　田中敬一
冬眠の謎を解く　近藤宣昭
人物で語る化学入門　竹内敬人
宇宙論入門　佐藤勝彦
岡潔 数学の詩人◆　高瀬正仁
タンパク質の一生　永田和宏
疑似科学入門　池内了
火山噴火　鎌田浩毅
数に強くなる◆　畑村洋太郎
人物で語る物理入門 上・下　米沢富美子
日本の地震災害◆　伊藤和明
宇宙人としての生き方　松井孝典
旬の魚はなぜうまい◆　岩井保
私の脳科学講義　利根川進
宇宙からの贈りもの◆　毛利衛
市民科学者として生きる　高木仁三郎
科学の目 科学のこころ　長谷川眞理子
地震予知を考える　茂木清夫
生命と地球の歴史　丸山茂徳・磯崎行雄